函數概念史與應用

變數中的常數

張遠南,張昶 著

指數效應 × 帕斯卡三角 × 年利率儲蓄

數學隨著函數概念飛速擴張,思維也跨入永恆運動的世界!

在變動的世界中,靜止的數學路在何方?
在 xy 之間探索函數,從古典幾何到現代跨學科應用,

隱含在變化中的「常數」,一切皆可想像!

目錄

目錄

序

　　函數是學校數學最為重要的概念之一。函數概念的出現，是人類思維從靜飛躍到動的必然。當人們試圖描述一個運動和變化的世界時，匯入變數和應變數是極為自然的！

　　然而，今天函數的含義與 300 多年前是大不相同的。1692 年，萊布尼茲使用「函數」（function）這個詞時，所表示的僅僅是「冪」、「座標」、「切線長」等與曲線上的點相關的幾何量。而到了 18 世紀，這個概念已擴展為「由變數和常數所組成的解析表示式」。到了 19 世紀，解析式的限制被取消，並被對應關係所替代。函數概念的幾度擴張，反映了近代數學的迅速發展。

　　關於函數的理論，是數學王國一座金碧輝煌的城堡，這本書既不打算、也不可能對此做詳盡的介紹。作者只是希望激起讀者的興趣，並由此引起他們自覺學習這個知識的欲望。因為作者認定，興趣是最好的老師，一個人對科學的熱愛和獻身，往往是從興趣開始的。然而人類智慧的傳遞，是一項高超的藝術。從教到學，從學到會，從會到用，從用到創造，這是一連串極為主動、積極的過程。作者在長期實踐中，深感普通教學的局限和不足，希望能透過非教學的方

序

法，嘗試人類智慧的傳遞和接力。

由於作者所知有限，書中的錯誤在所難免，敬請讀者不
吝指出。

但願本書能為讀者開闊視野、探求未來，充當引導！

張遠南

一、

一個永恆運動的世界

我們這個星球，宛如飄浮在浩瀚宇宙中的一方島嶼，從茫茫中來，又向茫茫中去。這個星球上的生命，經歷了數億年的繁衍和進化，終於在創世紀的今天，造就了人類的高度智慧和文明。

然而，儘管人類已經有如此之多的發現，但仍不清楚宇宙是怎麼開始的，也不知道它將如何終結！萬物都在時間長河中流淌著、變化著。從過去變化到現在，又從現在變化到將來。靜止是暫時的，運動卻是永恆的！

天地之間，大概再沒有什麼能比閃爍在天空中的星星，更能引起遠古人類的遐想。他們想像在天庭上應該有一個如同人世間那般繁華的街市。而那些本身發著亮光的星宿，則忠誠地守護在天宮的特定位置，永恆不動。後來，這些星星便有別於月亮和行星，被稱為恆星。其實，恆星的稱呼是不確切的，只是由於它離我們太遠了，以至於它們之間的任何運動，都「慢」得讓人一輩子感覺不出來！

北斗七星大概是北半球天空中最為明顯的星座之一。北斗七星在天文學上有個正式的名字，叫大熊星座。大熊星座的 7 顆亮星，組成一把勺子的樣子（圖 1.1），勺底兩星的連線延長約 5 倍處，可尋找到北極星。北斗七星在北半球的夜空是很容易辨認的。

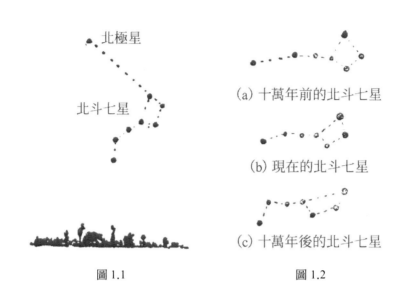

北極星

北斗七星

圖 1.1

(a) 十萬年前的北斗七星

(b) 現在的北斗七星

(c) 十萬年後的北斗七星

圖 1.2

　　大概所有人一輩子見到的北斗七星，總是如圖 1.1 那般形狀，這是不言而喻的。人的生命太短暫了！幾十年的時光，對於天文數字般的歲月，是幾乎可以忽略不計的！然而有幸的是，現代科學的進展，使我們有可能從容地追溯過去，並且精確地預測將來。圖 1.2 所示，是經過測算的，人類在十萬年前、現在和十萬年後應該看到和可以看到的北斗七星，它們的形狀是不太一樣的！

　　不僅天在動，地也在動。火山的噴發、地層的斷裂、冰川的推移、泥石的奔流，這一切都只是區域性的現象。更加不可思議的是，我們腳下站立著的大地，也如同水面上的船隻那樣，在地函中緩慢地漂移著！

　　20 世紀初，德國年輕的氣象學家阿爾弗雷德·韋格納（Alfred Wegener，1880 ～ 1930）發現，大西洋兩岸，特別是非洲和南美洲的海岸輪廓非常相似。這究竟隱藏著什麼奧祕呢？韋格納為此陷入了深深的思索。

　　一天，韋格納正在書房看報，一個偶然的變故，激發了他的靈感。由於座椅年久失修，某個地方突然斷裂，他的身體驟然往後仰，手中的報紙被猛然撕裂。在這一切過去之後，韋格納重新注視手上的兩半報紙時，他頓時醒悟了！長期縈繞在腦海中的思緒跟眼前的現象，碰撞出智慧的火花！一個偉大的思想在韋格納腦中閃現：世界的大陸原本是連在一起的，後來由於某種原因而破裂分離了！

　　此後，韋格納奔波於大西洋兩岸，為自己的理論尋找證據。1912 年，「大陸漂移說」終於誕生了！

　　今天，大陸漂移學說已被整個世界所公認。據美國國家航空暨太空總署的最新測定顯示，目前大陸移動仍在持續，如北美洲正以每年 1.52 公分的速度遠離歐洲而去；而澳洲卻以每年 6.858 公分的速度，向夏威夷群島漂來！

　　世間萬物都在變化，「不變」反而使人充滿疑惑，以下的故事是再生動不過的了。

　　1938 年 12 月 22 日，在非洲的葛摩群島附近，漁民們捕捉到一條怪魚。這條魚全身披著六角形的鱗片，長著 4 個

「肉足」，尾巴就像古代勇士用的長矛。當時漁民們對此並不在意，因為每天從海裡抓上來奇形怪狀的生物多得是！於是這條魚便順理成章地成了美味佳餚。

當地博物館有個年輕的女管理員叫拉蒂邁，平時熱心於魚類學研究。當她聞訊趕來時，見到的已是一堆殘皮剩骨。不過，出於職業的愛好，拉蒂邁小姐還是把魚的頭骨蒐集起來，寄給當時的魚類學權威，南非羅茲大學的史密斯教授。

教授接到信後，頓時目瞪口呆。原來這種長著矛尾的魚，早在 7,000 萬年前就已絕種了。科學家們過去只在化石中見過。眼前發生的一切，使教授由震驚轉為疑惑。於是他不惜許下 10 萬元重金，懸賞捕捉第二條矛尾魚！

一年又一年過去了，不知不覺過了 14 個年頭。正當史密斯教授絕望之際，1952 年 12 月 20 日，史密斯突然收到一封電報，電文是：「抓到了您所需要的魚。」他欣喜若狂，立即趕往當地。當史密斯用顫抖的雙手開啟包著魚的布時，一股熱淚奪眶而出……

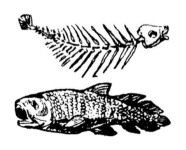

　　為什麼一條矛尾魚竟會引起這麼大的轟動呢？原來現在抓到的矛尾魚和 7,000 萬年前的化石相比，幾乎看不到差異！矛尾魚在經歷了億萬年的滄桑之後，竟然既沒有滅絕，也沒有進化。這個「不變」的事實，無疑是對「變」的進化論的挑戰！究竟是達爾文的理論需要修正，還是由於其他更加深刻的原因呢？爭論至今仍在繼續！

　　我們前面說過，這個世界的一切量都隨著時間的變化而變化。時間是最原始的自行變化的量，其他量則是應變數。一般來說，如果在某一變化過程中有兩個變數 x 和 y，對於變數 x 在研究範圍內每一個確定的值，變數 y 都有唯一確定的值和它對應，那麼變數 x 就稱為自變數，而變數 y 則稱為應變數，或變數 x 的函數，記為

$$y = f(x)$$

　　函數一詞，起於 1692 年，最早見於德國數學家萊布尼茲（Gottfried Wilhelm Leibniz，1646 ～ 1716）的著作。記號 $f(x)$ 則是由瑞士數學家尤拉（Leonhard Euler，1707 ～ 1783）於 1734 年首次使用的。上面我們所講的函數定義，則屬於德國數學家黎曼（Bernhard Riemann，1826 ～ 1866）。中國引進函數概念，始於 1859 年，首見於清代數學家李善蘭（1811 ～ 1882）的譯作。

一個量如果在所研究的問題中維持同一確定的數值，這樣的量，我們稱為常數。常數並不是絕對的。如果某一變數在區域性時空中的變化是微不足道的，那麼這樣的變數，在這個時空中便可以視為常數。例如，讀者所熟知的「三角形內角和為180°」的定理，那只是在平面上才成立，但絕對平的面，是不存在的。即使是水平面，由於地心引力的關係，也是呈球面彎曲的。然而，這絲毫沒有影響廣大讀者去掌握和應用平面的這條定理！又如北斗七星，誠如前面所說，它前十萬年與後十萬年的位置是大不相同的。但在幾個世紀內，我們完全可以把它視為恆定的，甚至可以利用它來精確地判定其他星體的位置。

圖 1.3 中，α、β 是北斗七星中很亮的兩顆星。沿 $\beta\alpha$ 方向延長至它們間距的 5 倍，那裡有一顆稍微暗一點的星，那就是北半球天空中的群星都繞它旋轉的北極星。儘管這些星體的相對位置也在改變，但上述的位置法則，至少還可以延用幾百年。

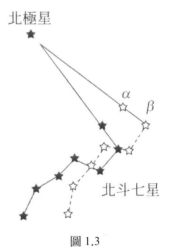

圖 1.3

二、

「守株待兔」古今辯

　　有一則古代寓言故事叫《守株待兔》，大意是：

　　戰國時期宋國有個農民，有一天，他在田地裡耕作，看到一隻兔子從身旁飛跑而過，恰好撞在田邊的一棵大樹上，折斷了脖子，死於樹下。那個農民不費吹灰之力，拾得了一隻現成的兔子。

　　這個農民自從拾到兔子後，就痴心妄想，從此廢棄耕耘，每天坐在那棵大樹底下，等待著又一隻兔子撞樹而來。結果非但沒有再拾到兔子，反而把田地給荒蕪了！

　　這則寓言出自先秦著作《韓非子》，它膾炙人口，已經流傳了 2,200 多年。

　　2,000 多年來，人們總以為「待兔」不得，罪在「守株」！其實，抱怨「守株」是沒有道理的。問題的關鍵在於兔子的運動規律。倘若通往大樹的路，是兔子所必經的，那麼「守株」又有何妨？

　　然而正如上節故事中說到的，我們周圍的世界是一個不斷運動的世界。兔子的活動，在時空長河中，劃出一條千奇百怪的軌跡。希望這條軌跡能與樹木在時空中的軌跡再次相交，無疑是極為渺茫的，這正是這位農民的悲劇之所在！

　　下面這則更為精妙的例子，可以使人們生動地看到問題的癥結。例中顯示若能弄清楚兔子運動的規律，有時「守」甚至還是明智的！

李奧納多‧達文西（Leonardo da Vinci，1452 ～ 1519）是義大利文藝復興時期的藝術大師，達文西在繪畫藝術方面造詣很深，他對數學也頗有研究。他曾提出過一個饒有趣味的「餓狼撲兔」問題：

　　如圖 2.1 所示，一隻兔子正在洞穴 C 處南面 60 碼（1 碼 ＝ 0.9144 公尺）的 O 處覓食，一隻餓狼此刻正在兔子正東 100 碼的 A 處遊蕩。兔子回首間猛然看見餓狼貪婪的目光，預感大難臨頭，於是急忙向自己的洞穴奔去。說時遲，那時快，餓狼見即將到口的美食就要落空，旋即以兔子 2 倍的速度緊盯著兔子追去。於是，狼與兔之間展開了一場生與死的、驚心動魄的追逐。

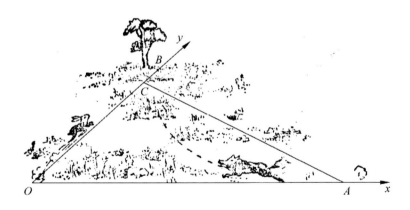

圖 2.1

017

問：兔子能否逃脫？

有人做過以下一番計算。

以 O 為原點，OA，OC 分別為 x，y 軸，以 1 碼為單位長。則 $OA = 100$，$OC = 60$。根據畢氏定理，在 Rt $\triangle AOC$ 中

$$AC = \sqrt{OA^2 + OC^2}$$
$$= \sqrt{100^2 + 60^2} = 116.6$$

這意味著，倘若餓狼沿 AC 方向直奔兔子洞穴，那麼由於兔子奔跑的速度只有餓狼奔跑速度的一半，當餓狼到達兔穴洞口時，$116.6 \div 2 = 58.3$，即兔子只跑了 58.3 碼距離，離洞口尚差 1.7 碼。這時先行到達洞口的餓狼，完全可以守在洞口，「坐等」美食的到來！

以上計算似乎天衣無縫，結論只能是兔子厄運難逃。但實際上這是錯誤的！餓狼不可能未卜先知地直奔兔穴洞口去「坐等」，牠的策略只能是死死盯著運動中的兔子，這樣牠本身追趕的路線成了一條曲線（圖 2.2），這條曲線可以用解析的方法推算出來：

$$y = \frac{1}{30}x^{\frac{3}{2}} - 10x^{\frac{1}{2}} + \frac{200}{3}$$

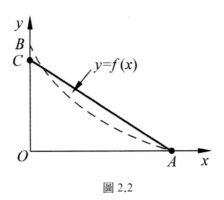

圖 2.2

當 $x = 0$ 時，代入上式得 $y = 66\frac{2}{3}$。這意味著，若北邊沒有兔子洞，那麼當兔子跑到離原點 $66\frac{2}{3}$ 碼的 B 點時，恰被餓狼逮住。然而有幸的是，兔子洞離原點僅有 60 碼，此時此刻兔子早已安然進洞了！

隨著「餓狼撲兔」謎底的解開，對於「守株待兔」的辨析，似乎也已接近尾聲。不料，後來又有人提出異議，對《守株待兔》故事的真實性表示懷疑，理由是，那麼機靈的兔子怎會自己撞到偌大的樹上去？牠那兩隻精明的大眼睛做什麼去了？

說得不無道理！不過，答案是肯定的。要說清這一點，還得從眼睛的功能說起。

眼睛的視覺功能是有趣的，一隻眼睛能夠看清周圍的物體，但卻無法準確判斷眼睛與物體之間的距離。以下的實驗可以極為生動地證實這一點。

找兩支削尖了的鉛筆，兩隻手各拿起一支，然後閉上一隻眼睛，讓兩支筆的筆尖從遠到近，對準靠攏。這時，你會發現一種奇怪的現象：任你怎麼集中注意力，兩支筆尖總是交錯而過！然而，若你睜開雙眼，想對準筆尖，卻是很容易做到的。

以上實驗顯示：用兩隻眼看，能準確判斷物體的位置，而用一隻眼看卻不能！那麼，為什麼用兩隻眼睛便能判定物體的準確位置呢？

原來，同一物體在人的兩眼中呈現出來的圖像是不一樣的！圖 2.3 是一個隧道分別在兩眼中的圖像，它們之間的不同是很明顯的。為了證明這兩張圖的確是由你左右兩眼分別看出的，你可以把圖 2.3 擺在面前，然後兩眼凝視中央空隙的地方，如此集中精力幾秒鐘，並全神貫注於一種要看清圖後更遠的意念。這樣，無須很久，你的眼前便會出現一種神奇的景象：圖中左右兩側的隧道逐漸靠近，並最終融合在一起，變成了一幅壯觀的立體隧道圖！

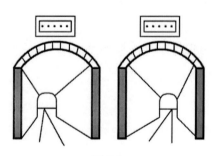

圖 2.3

圖 2.4 是個很好的練習，它選自別萊利曼《趣味物理學》
第 9 章。採用上述同樣的方法，當你感到兩張圖像靠近並融
合時，會領略到一幅壯麗的海上景觀：一艘輪船在寬闊的海
面上乘風破浪！

圖 2.4

　　現在我們回到兔子撞樹的討論上來。

　　仔細觀察一下便會發現，人眼與兔眼的位置是不相同
的：人的兩眼長在前方，相距很近，而兔子的兩眼卻長在頭
的兩側。又根據測定，兔子每隻眼睛可見視野為 189° 30'，而
人的每隻眼睛可見視野約 166°。不過，由於人的兩眼長在前
面，因此兩眼同時能看到的視野有 124°左右。在這個區域內
的物體，人眼能精確判定其位置。而兔眼雖說能看到周圍任
何東西，但兩眼重合視野只有 19°，其中前方 10°，後方 9°。
因此兔子只有在很小的視區內才能準確判斷物體的遠近！

由圖 2.5 還能看出，縱然兔子對來自四方的威脅都能敏銳的感覺，但對鼻子底下的東西（圖中「？」區域），卻完全看不到！況且在驚慌失措的奔命中，說不定早已昏了頭腦，撞樹的事也就難保不會發生了。

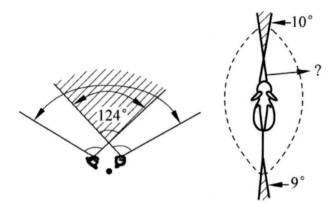

圖 2.5

「守株待兔」的故事是韓非子親眼所見，還是他杜撰的呢？現在當然無法查證。不過，據上面分析，這個故事還是可信的！

三、

聖馬可廣場上的遊戲

　　在世界著名的水城威尼斯，有個聖馬可（San Marco）廣場。廣場的一端有一座寬 82 公尺的雄偉教堂。教堂的前面是一方開闊地。這片開闊地經常吸引四方遊客到這裡做一個奇怪的遊戲：把眼睛蒙上，然後從廣場的一端向另一端的教堂走去，看誰能到達教堂的正前方！

　　奇怪的是，儘管這段距離只有 175 公尺，但卻沒有一名遊客能幸運地做到這一點！全都如圖 3.1 那般，走成了弧線，或左或右，偏斜到了一邊！

圖 3.1

類似的現象，更為神奇地出現在美國著名作家馬克·吐溫（Mark Twain，1835～1910）的筆下。在《浪跡海外》（*A Tramp Abroad*）一書中，馬克·吐溫描述了自己一次長達 4.7 英里的夜遊，然而所有的一切，都只發生在一間黑暗的房間裡！以下便是這個動人故事的精彩片段：

　　我醒了，感覺到口中發渴。我腦際浮起一個美好的念頭 —— 穿起衣服來，到花園裡換換空氣，並在噴泉旁邊洗個臉。

　　我悄悄地爬了起來，開始尋找我的衣物。我找到了一隻襪子，至於第二隻在什麼地方，卻無法知曉。我小心地下了床，四周爬著亂摸一陣，然而一無所獲！我開始向更遠的地方摸索，越走越遠，襪子沒有找到，卻撞到家具。當我就寢時，四周的木器並不是這麼多的，現在呢？整個房間都充滿了木器，特別是椅子最多，彷彿到處都是椅子！不會是這段時間中，又來了兩家人吧？這些椅子我在黑暗中一張都看不到，但我的頭卻不斷撞到它們。最後，我下了決心，少一隻襪子也一樣可以生活！我站了起來，向房門 —— 我這樣想 —— 走去，卻意外地在一面鏡子裡看到了我朦朧的面孔。

　　這已經很清楚，我迷失了方向，而且自己究竟在什麼地方，竟得不到一點印象。假如房裡只有一面鏡子，那麼它將

會幫助我辨清方向。但不幸偏偏有兩面，而這卻跟有一千面一樣糟糕！

我想順著牆走到門口，開始我新的嘗試。不料竟把一幅畫撞了下來。這幅畫並不大，卻發出了像一幅巨大畫片跌落的聲響。葛里斯（我同房間睡的另一張床上的鄰人）並沒有翻身。但是我覺得，假如我繼續下去，必然會把他驚醒。我開始向另一個途徑嘗試，我又重新找到那張圓桌 —— 我方才已經有好幾次走到它旁邊 —— 打算從那裡摸到我的床上；假如找到了床，就可以找到盛水的玻璃瓶，那麼至少可以解一解口渴了！最好的辦法是 —— 用兩臂和兩膝爬行。這個方法我已經嘗試過，因此對它很信任。

終於，我找到了桌子 —— 我的頭碰到了它 —— 發出了很大的聲響。於是我再站起來，向前伸出了五指張開的雙手，來平衡自己的身體，就這樣蹣跚前行。我摸到了一個椅子，然後是牆，又是一個椅子，然後是沙發，我的手杖，又是一個沙發。這很讓我驚奇，因為我清楚地知道，這房間一共只有一個沙發！我又碰到桌子，且撞痛了一次，後來又碰到一些椅子。

直到那個時候我才想起，我早就應該怎麼走。因為桌子是圓形的，因此不可能作為我「旅行」的出發點。我存著僥倖的心理，向椅子和沙發之間的空間走去 —— 但是我陷入一

個完全陌生的境地，途中把壁爐上的蠟燭臺碰了下來，接著碰倒了檯燈，最後，盛水的玻璃瓶也應聲落地打碎了！

「哈哈！」我心裡想道，「我終於把你找到了，我的寶貝！」

「有小偷！抓小偷呀！」葛里斯狂喊起來。

整個房子馬上人聲鼎沸，旅館主人、遊客、僕人紛紛拿著蠟燭和燈籠跑了進來。

我四面望了望，我竟是站在葛里斯的床邊！靠牆只有一個沙發，只有一張椅子是我能夠碰到的 —— 我整整半夜像行星一樣繞著它轉，又像彗星一樣碰到它！

根據我步測的計算，這一夜我一共走了 4.7 英里！

馬克‧吐溫先生的上述故事，無疑是經過極度誇大了的，但他描寫關於一個人在黑暗中失去方向後的境遇，每個人都有可能碰到！讀者還可以從其他著作中，看到許多人在沙漠或雪地裡由於迷失方向而在原地打轉的描述。這一切近乎玩笑般的遭遇，終於引起了科學家們的注意。

1896 年，挪威生理學家古德貝爾對閉眼打轉的問題進行了深入的探討。他蒐集了大量事例後分析，認為這一切都是由於人自身的兩條腿在作怪！長年累月養成的習慣，使每個人一隻腳伸出的步伐，要比另一隻腳伸出的步伐長一段微不

足道的距離。而正是這一段很小的步差 x，導致這個人走出一個半徑為 y 的大圈子。如圖 3.2 所示。

　　現在我們來研究一下 x 與 y（x、y 單位為公尺）之間的函數關係（圖 3.3）。

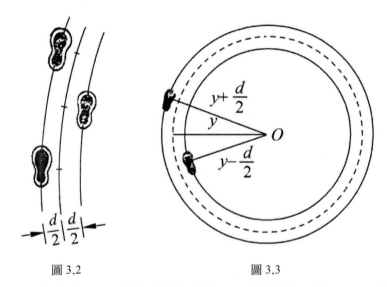

圖 3.2　　　　　　　　　圖 3.3

　　假定某人兩腳踏線間相隔為 d。很明顯，當人在打轉時，兩隻腳實際上走出了兩個半徑相差為 d 的同心圓。設該人平均步長為 l（d、l 單位為公尺）。那麼，一方面這個人外腳比內腳多走路程是

$$2\pi\left(y+\frac{d}{2}\right) - 2\pi\left(y-\frac{d}{2}\right) = 2\pi d$$

另一方面，這段路程又等於這個人走一圈的步數與步差的乘積，即

$$2\pi d = \left(\frac{2\pi y}{2l}\right) \cdot x$$

化簡得

$$y = \frac{2dl}{x}$$

對一般人，$d = 0.1$，$l = 0.7$，代入得

$$y = \frac{0.14}{x}$$

這就是所求的「迷路者打轉」的半徑公式。今假設迷路者兩腳步差為 0.1 公厘，僅此微小的差異，就將導致他在大約 3 公里的範圍內繞圈子！

上述公式中變數 x、y 之間的關係，在數學上稱為反比例函數關係。反比例函數一般形如 $y = \frac{k}{x}$，這裡 k 為常數。它的圖像是兩條彎曲的曲線（圖 3.4），數學上稱為等邊雙曲線。反比例函數在工業、國防、科技等領域都很有用處。

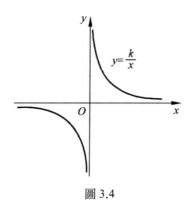

圖 3.4

　　以下我們回到本節剛開始時說的那個聖馬可廣場上的遊戲。我們先計算一下，當人們閉起眼睛，從廣場一端中央的 M 點，想抵達教堂 CD，最小的弧線半徑應該是多少。如圖 3.5 所示，注意到矩形 $ABCD$ 的邊 $BC = 175$，$AM = MB = 41$（單位：公尺）。那麼上述問題無疑相當於幾何中的以下命題：已知 BC 與 MB，求 $\overset{\frown}{MC}$ 的半徑 R 的大小。

　　因為 $BC^2 = R^2 - (R - MB)^2 = MB(2R - MB)$

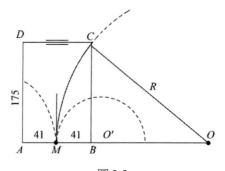

圖 3.5

所以 $175^2 = 41 \times (2R - 41)$

$R = 394$

這也就是說，遊人希望成功，他所走弧線半徑必須不小於 394 公尺。現在我們再來算一下，要達到上述要求，遊人的兩腳步差需要什麼限制。根據公式

$$y = \frac{0.14}{x}$$

因為

$$y = R' \geq 394$$

所以

$$x \leq \frac{0.14}{394} = 0.00035$$

這顯示遊人的兩隻腳步差必須小於 0.35 公厘，否則成功便是無望的！然而，在閉眼的前提下，兩腳這麼小的步差，一般人是做不到的，這就是在遊戲中沒有人能夠蒙上眼睛走到教堂前面的原因。

四、

奇異的「指北針」

對於在沙漠、草原或雪地上迷路的人，辨別方向無疑是至關重要的。否則，儘管他心想一直往前走，但由於自己兩腿跨步間的差異，結果只能在原地附近繞圈子。試驗數據顯示，這種圈子的直徑，不會大於 4 公里。

在上一節故事中，我們介紹過迷路者所繞圈子的半徑為

$$R = \frac{2ld}{x}$$

很明顯，想增大 R 的值，只有增大分子和縮小分母兩條路。對一般人來說，增大分子的步長 l 和兩腳間平距 d 是極為有限的，而縮小分母的步差 x，則更為艱難！後者是由於：當假定所繞圈子直徑為 4 公里時，代入公式算出所要求的 $x = 0.00007$，即 0.00007 公尺，不足於 0.1 公厘。想再提高精確度，恐怕只能是「心有餘而力不足了」！

有一種數學上常用的方法，可以提高公式中的 R 值。拿 3 根標竿，然後採用三桿對齊的方法，如圖 4.1 所示，根據桿 A、桿 B 確定 AB 延線上的桿 C；然後拔掉桿 A，再根據桿 B、桿 C 確定桿 D；然後再拔掉桿 B，又根據桿 C、桿 D 確定桿 E，如此反覆，每次都三桿對齊。這個過程無疑類似於走路。每根標竿相當於「腳」；兩桿間的平均距離 L 則相當於「步長」，而標竿的寬度即為新的「腳間平距」D。至於新「步差」X，可視為桿與桿之間左右兩側距離的差。從理

論上來說，這個差固然應當為 0，但實際上不可能獲得比通常的步差更小。

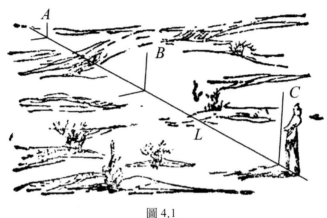

圖 4.1

這樣，我們可望有

$$L = 60l^{[001]}\ ;\ D = \frac{1}{2}d\ ;\ X = x$$

代入公式可以算出新的半徑 R'

$$R' = \frac{2LD}{X} = \frac{2 \times 60l \times \left(\frac{1}{2}d\right)}{x} = 30R$$

即所繞圈子的直徑大約為 120 公里，繞這個大圈子的弧線走，在一般情況下，是可以視為沿直線前進的！

---

[001]　兩根標竿間距 L，通常取步長的 60 倍。

　　不過，沿直線前進與定向行進完全是兩碼事，後者無疑是主要的。因為儘管你走得筆直，但卻南轅北轍，背道而馳，那麼只會距目標更加遙遠。

圖 4.2

　　現在讓我們模仿英國作家丹尼爾‧笛福（Daniel Defoe，1660 ～ 1731），編造一個類似他筆下魯賓遜的故事。設想我們的主角 —— 一位迷失方向的人，已經面臨一種艱難的境地，他在旅行中賴以辨認方向的羅盤不幸丟失了！我們試圖幫他從這個困境中解脫出來。

　　倘若故事發生在晴天的夜晚，那是不用煩惱的，因為北極星可以準確指示方向。至於如何在繁星密布的夜空中找到北極星，在本書的第一個故事裡曾介紹過，我想讀者一定記憶猶新。

倘若故事發生在陰天，情況似乎更棘手！不過，只要細心觀察周圍，還是有希望找到一些辨別方向的標誌。如北半球樹木的年輪一般是偏心的，如圖 4.2 那樣，靠北方向（N）年輪較密，而靠南方向（S）年輪較疏，這是由於樹木向陽一面生長較快的緣故。又如，有時在荒野中我們會看到一些斷壁殘垣、破寺敗廟，照習俗，這些建築物一般是坐北朝南的。

以下我們設想遇到一種令人悲傷的情景：我們的主角在一望無際的沙漠中迷失了方向。周圍當然不可能奇蹟般地出現廟宇和樹椿。當空的烈日正使他陷入一種茫然和絕望！此時此刻，假如有誰能告訴他，他手上戴著的手錶就是一隻標準的「指北針」，那麼他一定會為此而欣喜若狂！

讀者中可能依然有人疑慮重重，然而事實的確是如此！鐘錶定向的方法是，如圖 4.3 所示，把手錶放平，以時針的時數（一天以 24 小時計）一半的位置對向太陽，則錶面上 12 時指的方向便是北方。圖 4.3 錶面上指的時間是早上 8 點零 5 分，其時數一半的位置大約是 4.04 時，以這個位置對向太陽，則 12 時所指的方向 N 即為北方。要注意的是，對向必須準確。為了提高精度，我們可以用一根火柴立在「時數一半」的地方，讓它的影子通過錶面中心，這顯示我們已經對準了太陽的方向！

圖 4.3

　　建議讀者用自己的手錶試幾次。記住這個方法，說不定什麼時候會派上用場！

　　我想讀者一定很想知道用鐘錶定向的科學原理，這是不難理解的！不過要徹底弄清楚，還得先了解地球的自轉。

　　如今幾乎所有的學生都知道，白天的出現和黑夜的降臨，是由於地球的自轉。然而，歷史上有很長一段時間，人們對此疑信參半。直至 1805 年，一位相當聰明的法國科學院院士梅西爾這樣寫過：「天文學家要讓我相信，我像一隻燒雞穿在鐵棍上那樣旋轉，那真是用心枉然！」不過，這位學者的偏見並沒能阻止地球的旋轉，從那時起，地球又一如既往地轉動了大約 78,000 轉！

　　1851 年，法國科學家傅科（Jean Foucault，1819 ～ 1868）在著名的巴黎先賢祠，做了一個直接證明地球旋轉的驚人表演：讓一個大鐘擺在地面的沙盤上不斷劃出紋路（圖 4.4）。

雖說這個擺與其他自由擺一樣，不停地在同一方向、同一平面上來回擺動。但地球及先賢祠的地板都在它底下極其緩慢地轉動著，因此沙盤上劃出的紋路，也一點點由東向西緩慢而均勻地改變了方向。傅科擺的擺面旋轉一周所用的時間，與當地的緯度有關：在極點需要 24 小時；在巴黎需要 31 時 47 分。

圖 4.4

傅科的實驗讓我們親眼見到地球的均勻自轉。地球自轉一周，在人們的視覺假象中，太陽好像繞地球旋轉了 360°。與此同時，手錶面上的時針走了 24 小時，繞錶心旋轉了 720°。由於以上兩者的轉動都是均勻的，從而視覺中太陽繞地球旋轉的角度 y，與錶面上時針旋轉的角度 x 的一半應當是同步的。這顯示，當選定各自計算的起始角後，應當有

$$y = \frac{1}{2}x + b$$

這是最為簡單的一次函數，它的圖像是一條直線。上式右端 x 的係數 $k = \frac{1}{2}$ 稱為直線的斜率；b 稱為截距，恰等於直線截 y 軸的有向距離，如圖 4.5 所示。

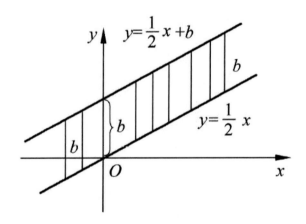

圖 4.5

將上述一次函數式變形得

$$y - \frac{1}{2}x = b\,(\text{常數})$$

這意味著，視覺中太陽旋轉的角與時針旋轉的半形之間，相差是一個常數。這個變數中的常數說明，將「時數的一半」對向太陽時，手錶面的位置是恆定的，不因時間的推

移和太陽的升落而變化。當早晨 6 點太陽在東方升起時,我們用 6 的一半 3 去對準東方,那麼錶面上的 12 時所指的方向自然就是北方了!而這個方向,在太陽與時針同時運動中,保持恆定。這就是「鐘錶定向」的科學原理。

　　看,這是多麼奇異的「指北針」!

五、

揭開星期幾的奧祕

在我們這個古老的國度，人們什麼時候開始把年分和動物的名稱掛上鉤，現在已經很難弄清楚了。但由天干和地支相配而成的干支紀年法和干支紀日法，卻見諸史書，源遠流長！

所謂天干，是一種用文字表示順序的符號，共 10 個，依序是甲、乙、丙、丁、戊、己、庚、辛、壬、癸。這 10 個符號中的前幾個，讀者應該是很熟悉的。

所謂地支，是一種用文字表示時間的符號，共 12 個，依序是子、丑、寅、卯、辰、巳、午、未、申、酉、戌、亥。以上 12 個文字，每個字代表一個時辰，每個時辰 2 個小時，從午夜起算，12 個時辰恰為一天。地支的 12 個符號，很難找到什麼規律。為了便於記憶，大約從東漢開始，人們使用12 種熟悉的動物與之相配，稱為屬相：

子	丑	寅	卯	辰	巳	午	未	申	酉	戌	亥
↓	↓	↓	↓	↓	↓	↓	↓	↓	↓	↓	↓
鼠	牛	虎	兔	龍	蛇	馬	羊	猴	雞	狗	豬

久而久之，這種屬相便成為以 12 為週期的紀年代號。如 2000 年為龍年，人類跨進 21 世紀，2012 年也是龍年，2024 年也是龍年……

由於 10 與 12 的最小公倍數為 60，所以天干、地支循環

相配，可得 60 種不同的組合：甲子、乙丑、丙寅、……、癸亥。這 60 種組合，俗稱「六十花甲子」，相配完畢，周而復始！

上述 60 一輪轉的方法，用於紀年，始於西周共和元年，約西元前 841 年。而用於紀日，則可追溯到更加久遠的年代。早在西元前一千多年，中國就已採用「旬日制」，以十天為一旬，三旬為一月，恰是半個花甲子！有趣的是，遠在萬里之外的古埃及，那時採用的竟然也是「旬日制」。人世間的這種巧合，不難使人猜測到，這是由於人類的雙手，長有 10 隻手指的緣故。

西方國家採用星期紀日是稍後的事。321 年 3 月 7 日，古羅馬皇帝君士坦丁正式宣布採用「星期制」，規定每一星期為 7 天，第一天為星期日，爾後星期一、星期二直至星期六，再回到星期日，如此永遠循環下去！君士坦丁大帝還規定，宣布的那天定為星期一。

一星期為什麼定為 7 天？這大概是出自月相變化的緣故。天空中再沒有別的天象變化得如此明顯，每隔 7 天便一改舊貌！另外，「七」這個數，恰與古代人已經知道的日、月、金、木、水、火、土七星的數目巧合，因此在古代神話中，就用一顆星作為一日的保護神，「星期」的名稱也因之而起。

歷史上的某一天究竟是星期幾？這可是一個有趣的問題，我想讀者一定很想知道它的奧祕！不過，要了解這一點，還得先從閏年的設定講起。因為倘若沒有閏年，這個問題將變得十分容易。

　　至於「設閏」的方法，由於一個回歸年不是恰好 365 日，而是 365 日 5 小時 48 分 46 秒，或 365.2422 日。為了防止這多出的 0.2422 日累積起來，造成新年逐漸往後推移，因此我們每隔 4 年便設定 1 個閏年，這一年的 2 月從普通的 28 天改為 29 天。這樣，閏年便有 366 天。不過，這樣補也不是剛剛好，每百年差不多又會多補 1 天。因此又規定，遇到年數為「百年」的不設閏，把這 1 天扣回來！這就是常說的「百年 24 閏」。但是，百年扣 1 天閏還不是剛剛好，又需要每 400 年再補回來 1 天。因此又規定，西元年數為 400 倍數者設閏。就這麼補來扣去，終於補得差不多剛好了！例如，2016、2020 這些年數被 4 整除的年分為閏年；而 1900、2100 這些年數為「百年」的則不設閏；2000、2400 這些年的年數恰能被 400 整除，又要設閏……如此等等。

　　閏年的設定，無疑增加了我們對星期幾推算的難度。為了揭示關於星期幾的奧祕，我們還需要一個簡單的數學工具 —— 高斯函數。

　　1800 年，德國數學家 J. C. F. 高斯（J. C. F. Gauss，1777～1855）在研究圓內整點問題時，引進了一個函數

$$y = [x]$$

這個函數後來便以他的名字命名。

[x] 表示數 x 的整數部分，如

$$[x] = 3$$
$$[-4.75] = -5$$

$$\left[\frac{\sqrt{5}-1}{2}\right] = 0$$

$$[1988] = 1988$$

高斯函數的圖像很奇特（圖 5.1），像臺階般，但不連續！

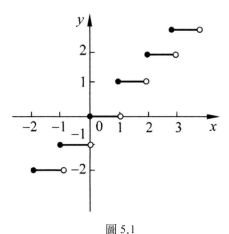

圖 5.1

　　利用高斯函數，我們可以根據設閏的規律，推算出在 x 年第 y 天是星期幾。這裡變數 x 是年數；變數 y 是從這一年的元旦，算到這一天為止（包含這一天）的天數。曆法家已經為我們找到了這樣的公式：

$$s = x - 1 + \left[\frac{x-1}{4}\right] - \left[\frac{x-1}{100}\right] + \left[\frac{x-1}{400}\right] + y$$

　　按上式求出 s 後，除以 7，如果恰能除盡，則這一天為星期日；否則餘數為幾，則為星期幾！

　　例如，君士坦丁大帝宣布星期制開始的那一天為 321 年 3 月 7 日。容易算得

$$\begin{cases} x - 1 = 320 \\ y = 66 \end{cases}$$

$$s = 320 + \left[\frac{320}{4}\right] - \left[\frac{320}{100}\right] + \left[\frac{320}{400}\right] + 66$$

$$= 320 + 80 - 3 + 0 + 66$$

$$= 463 \equiv 1 \pmod 7$$

　　最後一個式子的符號表示 463 除以 7 餘 1。也就是說，這一天為星期一。這是可以預料到的，因為當初就是這麼規定的！

又如，2000 年 1 月 1 日，人類跨進高度文明的 21 世紀，那麼這一天是星期幾呢？

$$\begin{cases} x - 1 = 1999 \\ y = 1 \end{cases}$$

$$s = 1999 + \left\lceil \frac{1999}{4} \right\rceil - \left\lceil \frac{1999}{100} \right\rceil + \left\lceil \frac{1999}{400} \right\rceil + 1$$

$$= 1999 + 499 - 19 + 4 + 1$$

$$= 2484 \equiv 6 \pmod{7}$$

計算顯示這一天也是星期六！

以下我們講述的是一個具有諷刺意味的故事。

大千世界，無奇不有。1654 年，愛爾蘭有一個大主教叫烏索爾。此人在酒足飯飽之後，突然腦海裡萌生起一個奇思怪想，他試圖透過經典來「考證」地球的創生！

果然，此後烏索爾一頭栽進了希伯來文的經典書堆，做了一個只有他自己知道的文字遊戲。在經過若干冥冥之夜後，他不知從哪裡得來的靈感，居然得出了以下驚人的結論：地球是在西元前 4004 年 10 月 26 日（星期日）上午 9 時被上帝創造出來的！

　　烏索爾的論點舉世震驚！由於它迎合了當時教會裡一些人的口味，居然轟動一時！不過，嚴肅理智的科學家並沒有被烏索爾的胡言亂語所嚇倒，他們用鐵的事實證實，我們這個星球早已存在幾十億年！

　　有一點與本節有關的是，烏索爾大主教在神學方面雖有所通，但算術程度卻屬劣等！西元前 4004 年 10 月 26 日，並不像烏索爾說的是「星期日」！讀者完全可以親自計算去揭穿烏索爾大主教的騙人把戲。要注意的是，西元前 4004 年恰為閏年，這一年的 2 月有 29 天！

六、

神奇的指數效應

時間：1752 年 7 月的一天。

地點：美國費城的一方野地。

天是那樣的陰沉，狂風呼嘯著，烏雲翻滾著，空中響起陣陣震耳的雷聲，閃電像利劍劃破長天！雨開始落下，人們紛紛跑進屋裡躲避。在紛亂中，但見一個中年人帶著一個年輕人，頂著風雨，艱難地步向荒野。中年人的手上提著一個大風箏，這是一個特製的風箏：綢製的面，上面縛著一根鐵絲，放風箏的細麻繩就繫在這根鐵絲上，在麻繩的下端掛著一個銅鑰匙。

風箏隨風越飄越高，雨也漸漸越下越密！猛然，空中亮起了一道閃電，那人身上一陣發顫，手裡頓感麻麻的。他又試著把手指靠近銅鑰匙，手指與鑰匙之間竟然閃起藍色的火花！此時此刻，中年人興奮極了，他忘乎所以地高呼著：「我受到電擊了！我終於證明了閃電就是電！」

上面講的就是科學史上著名的「費城實驗」。進行這項實驗的中年人，就是美國著名的科學家，避雷針的發明人，班傑明·富蘭克林（Benjamin Franklin，1706 ～ 1790），那個跟隨他實驗的年輕人是他的兒子。

富蘭克林一生為科學和民主革命而工作，他死後留下的財產並不可觀，大致只有 1,000 英鎊。令人驚訝的是，他竟留下了一份分配幾百萬英鎊財產的遺囑！這份有趣的遺囑是這樣寫的：

……1,000 英鎊贈給波士頓的居民，如果他們接受了這 1,000 英鎊，那麼這筆錢應該託付給一些挑選出來的公民，他們得把這些錢按每年 5％ 的利率，借給一些年輕的手工業者去生息。這筆錢過了 100 年，增加到 131,000 英鎊。我希望，那時候用 100,000 英鎊來建立一所公共建築物，剩下的 31,000 英鎊拿去繼續生息 100 年。在第 2 個 100 年末，這筆款項增加到 4,061,000 英鎊，其中 1,061,000 英鎊還是由波士頓的居民來支配，而其餘的 3,000,000 英鎊讓麻薩諸塞州的公眾來管理。此後，我可不敢多作主張了！

富蘭克林逝世於 1790 年，他遺囑執行的最後期限，大約在 1990 年左右。讀者不禁要問：身為科學家的富蘭克林，留下區區的 1,000 英鎊，竟立了百萬富翁般的遺囑，莫非昏了頭？讓我們按照富蘭克林非凡的設想，實際計算一下。請看表 6.1。

表 6.1 富蘭克林的遺產計算表

期限	記號	遺產數（英鎊）
初始	A_0	1000
第 1 年末	A_1	$A_0(1+5\%)$
第 2 年末	A_2	$A_0(1+5\%)^2$
⋮	⋮	⋮
第 100 年末	A_{100}	$A_0(1+5\%)^{100}$
⋮	⋮	⋮
第 n 年末	A_n	$A_0(1+5\%)^n$

從而

$$b_n = \frac{A_n}{A_0} = (1 + 5\%)^n$$

上式顯然是函數 $y = a^x$ 當 $a = 1.05$ 時的特例。在數學上形如 $y = a^x$ 的函數，被稱為指數函數，其中 a 約定為大於 0 且不等於 1 的常數。

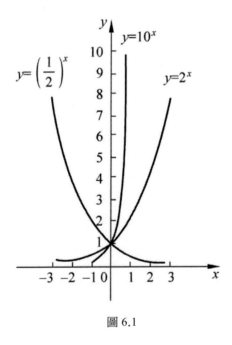

圖 6.1

圖 6.1 畫出了指數函數 $y = 2^x$，$y = 10^x$，$y = \left(\frac{1}{2}\right)^x$ 的圖像。從圖像容易看出：當底 a 大於 1 時，指數函數是遞增的，

而且越增越快；反之，當底 a 小於 1 時，指數函數遞減。

讓我們觀察故事中 $b_n = 1.05^n$ 值的變化，不難算得：

當 $x = 1$ 時，$b_1 = 1.05$；

當 $x = 2$ 時，$b_2 = 1.103$；

當 $x = 3$ 時，$b_3 = 1.158$；

⋮

當 $x = 100$ 時，$b_{100} = 131.501$。

這意味著，上面的故事中，在第 1 個 100 年末，富蘭克林的財產應當增加到

$$A_{100} = 1000 \times 1.05^{100} = 131,501 \text{（英鎊）}$$

這比富蘭克林遺囑中寫的還多出 501 英鎊呢！在第 2 個 100 年末，他擁有的財產就更多了：

$$A'_{100} = 31\,501 \times 1.05^{100} = 4,142,421 \text{（英鎊）}$$

可見富蘭克林的遺囑在科學上是站得住腳的！

微薄的資金，低廉的利率，在神祕的指數效應下，可以變得令人瞠目結舌。這就是富蘭克林的故事給人的啟示！歷史上由於沒能意識到這一點而吃虧的，真不乏其人，大名鼎鼎的拿破崙·波拿巴（Napoleon Bonaparte，1769 ～ 1821）就是其中的一個。

拿破崙還算得上是一位與數學有緣分的人，至今仍有一條幾何學上的定理，歸屬於他的名下。這一條定理是：若在任意三角形的各邊向外作等邊三角形，則它們的外接圓圓心相連也構成一個等邊三角形，如圖 6.2 所示。

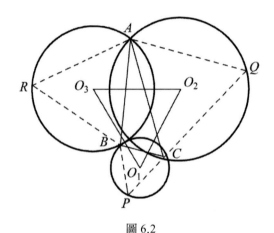

圖 6.2

　　然而，這位顯赫的將軍，卻在無意中陷進了指數效應的漩渦！

　　1797 年，當拿破崙參觀盧森堡的一所國立小學時，贈送一束價值 3 個金路易的玫瑰花，並許諾，只要法蘭西共和國存在一天，他將每年送一束價值相等的玫瑰花，以作為兩國友誼的象徵。此後，由於火與劍的征戰，拿破崙忘卻了這個諾言！當時間的長河向前推進了近一個世紀後，1894 年，盧森堡王國鄭重向法蘭西共和國提出了「玫瑰花懸案」，要求

法國政府在拿破崙的聲譽和 1,375,596 法郎的債款中，二者選取其一。這筆高達百萬法郎的鉅款，就是 3 個金路易的本金，以 5% 的年利率，在 97 年的指數效應下的產物。這個歷史公案讓法國政府陷入極為難堪的局面，因為只要法蘭西共和國繼續存在，此案將永無了結的一天！

不過，指數效應更多積極、正面的影響，許多人有效地利用它，讓自己成為知識和財富的主人！

馳名全球的美國蘋果電腦公司，是 1977 年由兩位年輕的創業者成立的，他們齊心協力，苦心經營，使銷售量以平均每年 171% 的成長率遞增。在短短的 6 年時間內，他們的銷售額從 250 萬美元，增加到近 10 億美元：

$$A = 2.5 \times 10^6 \ 美元 \times (1 + 1.71)^6 = 9.9 \times 10^8 \ 美元$$

蘋果公司也從一個擠在車庫中辦公的不顯眼小公司，一躍而成為世界聞名的大企業。兩個年輕人也因此成為億萬財富的主人！

指數函數不僅在數學、物理、天文上應用極廣，在其他自然科學，甚至社會科學上也大有用處！以指數規律變化的自然現象和社會現象，有一種極為重要的特性，即量 A 的變化量 ΔA，總是與量 A 本身及其變化時間 Δt 成正比

$$\Delta A \propto A \Delta t$$

事實上，令 $A = f(t) = a^t$，則

$$\Delta A = a^{t+\Delta t} - a^t = a^t (a^{\Delta t} - 1)$$

$$= A \Delta t \left(\frac{a^{\Delta t} - 1}{\Delta t} \right)$$

數學上可以證明，上式右端括號內的量，當變化時間很短時，趨向一個極限 K（實際上等於 $\ln a$），從而證得

$$\Delta A \approx K A \Delta t$$

反過來，數學家也已經證明：如果量 A 的變化量與它本身及變化時間成正比（比例係數為 K），那麼此時必有

$$A = A_0 e^{Kt}$$

這裡 A_0 是變數 A 的初始值（$t = 0$），數 e = 2.718······則是一個與圓周率 π 一樣重要的數學常數。

七、

數學史上最重要的方法

在歷史上，應該沒有哪一個發現會比對數的發現，能讓更多人意識到數學家對人類文明的貢獻！

今天，幾乎所有學生都擁有自己的手機或電腦，在手機中有電腦，而電腦中計算的軟體就更多了，如 Excel 等。在這些計算工具中，運算乘法和運算加法，幾乎同樣方便與容易，而這在 400 多年前簡直是無法想像的！

16 世紀的歐洲，資本主義迅速發展，科學和技術也一改中世紀停滯不前的局面。天文、航海、測繪、造船等行業，不斷向數學提出新的課題。這種情況下，集中暴露出一個令人頭痛的問題：

在星體的軌道計算、船隻的位置確定、大地的形貌測繪、船舶的結構設計等一系列課題中，人們所遇到的數據越來越龐雜，所需要的計算越來越繁難！無數的乘除、乘方、開方和其他運算，耗費了科學家們大量寶貴的時間和精力。更加令人難堪的是，一方面，這些課題所提的問題，迫使科學家不得不付出很長的計算時間；另一方面，問題的解決又無法等待這麼長的時間！正如航行在大海上的船隻，是無法停下來等待確定好經緯度後再揚帆起航的！

那麼究竟路在何方呢？數學家們終於出來了！於是各種門類的表格——平方表、立方表、平方根表、圓面積表等，便應運而生。這些表格的確解決過一時燃眉之急，總算讓人

們焦慮的心頭，灑上了幾滴甘甜的露水。但曾幾何時，科學家們又深深地陷入新的計算苦海中！

在一陣製造表格的浪潮中，終於有人別開生面、獨樹一幟。他們利用公式

$$ab = \frac{1}{4}(a+b)^2 - \frac{1}{4}(a-b)^2$$

使得只要用一種「1/4 平方表」，便可以求出兩數的乘積。這種表的計算方法是：用兩數和的平方的 1/4，減去它們差的平方的 1/4。讀者不難發現，這種表還能用來求數的平方或平方根，如果和倒數表聯合使用，甚至可以簡化除法運算！

不過，「1/4 平方表」的局限是很明顯的。像上一節講到的「富蘭克林遺囑」和「玫瑰花懸案」那樣的問題，是無法用「1/4 平方表」很快地計算出來的！

在表格的海洋中，人類就這麼茫然地行駛了 50 多年，直至 1540 年代，才迎來了希望的曙光。

1544 年，著名的柯尼斯堡大學教授，德國數學家施蒂費爾（Michael Stiefel，1487 ～ 1567），在簡化計算方面邁出重要的一步。在《普通算術》一書中，施蒂費爾宣布自己發現了一種有關整數的奇妙性質，他認為：「為此，人們甚至可以寫出整本書……」

那麼，施蒂費爾究竟發現了什麼呢？原來他如同表7.1
那樣，比較了兩種數列：等比數列和等差數列。

表 7.1 等比數列和等差數列

等比數列（原數x）	等差數列（代表者y）
1	0
2	1
4	2 ④
8	3
16	4
32	5 ⑧
64	6
128	7
256	8
512	9
1024	10
2048	11
4096	12
8192	13
16 384	14
32 768	15
65 536	16
131 072	17

4+8=12

施蒂費爾把等比數列的各數稱為「原數」，而把等差數
列的對應數稱為「代表者」（即後來的「指數」）。他驚奇
地發現，等比數列中的兩數相乘，其乘積的「代表者」，剛
好等於等差數列中相應兩個「代表者」之和；而等比數列中
的兩數相除，其商的「代表者」，也恰等於等差數列中兩個

「代表者」之差。施蒂費爾得出的結論是：可以透過如同表7.1那樣的比較，把乘除運算化為加減運算！

可以說施蒂費爾已經走到了一個重大發現的邊緣。因為他所說的「代表者」y，實際上就是現在以 2 為底 x 的對數

$$y = log_2 x$$

而使施蒂費爾驚喜萬分的整數性質就是

$$\log_2 (M \cdot N) = \log_2 M + \log_2 N$$

$$\log_2 \left(\frac{M}{N} \right) = \log_2 M - \log_2 N$$

對這些對數公式，學生是很熟悉的！

歷史常常驚人地重複這樣的人和事：當發現已經近在咫尺，只因一念之差，卻被輕易錯過！施蒂費爾大概就是其中令人惋惜的一個。他困惑於自己的表格為什麼可以算出 $16 \times 256 = 4096$，卻算不出更簡單的 $16 \times 250 = 4000$。他始終沒能看出在離散中隱含著的連續，而是感嘆自己研究問題的「狹窄」，從而在偉大的發現面前，把腳縮了回去！

正當施蒂費爾感慨於自己智窮力竭之際，在蘇格蘭的愛丁堡誕生了一位傑出人物，此人就是對數的發明人 —— 約翰·納皮爾（John Napier，1550 ～ 1617）。

納皮爾出身於貴族家庭，他天資聰慧，才思敏捷，從小受到良好的家庭教育，13 歲便進入聖安德魯斯大學。納皮爾 16 歲出國留學，因此學識大進。1571 年，納皮爾懷抱志向回國。他先從事天文、機械和數學的研究，並深為複雜的計算所苦惱。1590 年，納皮爾改變研究方向，潛心於簡化計算的工作。他匠心獨運，終於在施蒂費爾的基礎上，向前邁出了具有劃時代意義的一步！

說來也算簡單！納皮爾只不過是讓任何數都找到了與它對應的「代表者」。這相當於在施蒂費爾離散的表中，密密麻麻地插進了許多中間值，宛如無數的緯線穿行於經線之中，顯示出布匹般的連續！

1594 年，納皮爾開始精心編製可供實用的對數表。在經歷了 7,300 多個日日夜夜之後，一本厚達 200 頁的 8 位對數表終於誕生了！1614 年，納皮爾發表了《關於奇妙的對數法則的說明》一書，書中論述了對數的性質，給出了有關對數表的使用規則和例子。法國大數學家拉普拉斯說得好：「如果一個人的生命是拿他一生中的工作量來衡量，那麼對數的發明，等於延長了人類的壽命！」納皮爾終於用自己 20 年的計算，節省了人們無數的時間！

不幸的是，納皮爾的工作雖然延長了他人的「壽命」，卻沒能讓自己的生命得以延長。就在納皮爾著作發表後的第

3 個年頭，1617 年，這位受後人緬懷的傑出數學家，因勞累過度，不幸謝世。

　　納皮爾的對數發明頗具傳奇性。在當時的歐洲，代數學仍處於十分落後的狀態，甚至連指數概念都尚未建立。在這種情況下，先提出對數概念，不能不說是一種奇蹟！納皮爾的對數是從一個物理上的有趣例子引入的：兩個質點 A、B 有相同的初速度 v。質點 A 線上段 OR 作變速運動，速度與其到 R 的距離成正比；質點 B 作勻速直線運動。今設 $AR = x$，$O'B = y$，試求 x、y 之間的關係，如圖 7.1 所示。

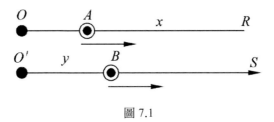

圖 7.1

　　納皮爾經過仔細分析後發現：當我們任意給定一個正整數 n，質點線上段 OR 走過 AR（$= X$）的 $\frac{1}{n}$ 時，質點 A 的瞬時末速度是一個無窮遞縮等比數列：

$$v, \quad v\left(1-\frac{1}{n}\right)^{1}, \quad v\left(1-\frac{1}{n}\right)^{2}, \quad v\left(1-\frac{1}{n}\right)^{3}, \quad \cdots,$$
$$v\left(1-\frac{1}{n}\right)^{i}, \quad \cdots$$

從而量 x 在變化時，也可以看成是一個無窮遞縮等比數
列；而 y 在變化時顯然可以看成是一個無窮遞增的等差數列

$$0 ， v ， 2v ， 3v ， 4v ， \cdots ， tv ， \cdots$$

　　這樣一來，在變數 y 與變數 x 之間，便建立起了函數關
係。納皮爾把 y 稱為 x 的對數，用現在的式子寫就是

$$v = \log_{\frac{1}{e}} x = \ln\left(\frac{1}{x}\right)$$

　　這裡符號 ln 表示「自然對數」，對數的底就是上一節講
的 e。這與今天課本上講的「常用對數」有所不同，後者是
以 10 為底。

　　在數學上，對數函數的一般表示式為

$$y = log_a x$$

改寫成指數形式便有

$$x = a^y$$

　　在上式中，如果把變數 x 看成變數 y 的函數，並改用常
用的函數和自變數符號，則有

$$y = a^x$$

這樣得到的函數，我們稱為原函數的反函數。兩個互為反函數的圖像，在同一座標系裡關於第 I、III 象限的角平分線為軸對稱。反函數圖像的這個特性，在圖 7.2 中可以看得很清楚。

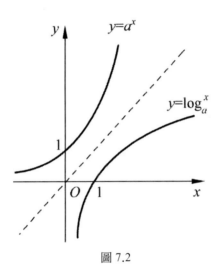

圖 7.2

　　對數是 17 世紀人類最重大的發現之一。在數學史上，納皮爾的對數、笛卡兒的解析幾何及牛頓和萊布尼茲的微積分三者齊名，被譽為「歷史上最重要的數學方法」！

八、

永不磨滅的功績

是時勢造就英雄，還是英雄造就時勢？這是個值得爭議的問題。數學史學家的回答是：「數學科學的任何成就，除了時代的機遇，個人的才華之外，往往需要一批人、甚至幾代人的努力！」

施蒂費爾的「指數」思想，實際上早在西元前 3 世紀就已有過！那時，古希臘數學家阿基米德（Arehimedes，西元前 287 ～前 212）在他的名著《數沙者》（*Psammites*）中，就曾研究過以下兩個數列：

$$1 , 10 , 10^2 , 10^3 , 10^4 , 10^5 , \cdots\cdots$$
$$0 , 1 , 2 , 3 , 4 , 5 , \cdots\cdots$$

並發現了冪的運算與指數之間的關聯。然而，由於阿基米德的天才思想大大超越了那個時代，智慧的火花終因後繼無人而湮滅了！

就在施蒂費爾把腳從對數的宮殿縮回去後不到 60 年，在英吉利海峽兩邊的不同國度裡，卻幾乎同時萌發了對數的新芽！時代把機遇同時給了兩個人：一位是上一節中講到的納皮爾，另一位是聰明絕頂的瑞士鐘錶匠比爾吉。後者是著名天文學家克卜勒的助手，出於天文計算的需求，他於 1611 年，製成了世界上第一張以 e 為底的四位對數表。

不過，納皮爾的工作是無與倫比的。他的非凡成果驚

動了一位倫敦的天文數學家，牛津大學教授亨利‧布里格斯（Henry Briggs，1561 ～ 1631）。布里格斯幾乎陶醉於納皮爾奇特而精妙的對數理論，渴望能親睹這位創造者的容顏！

1616 年初夏，布里格斯寫信給納皮爾，希望能有機會親自拜訪他。納皮爾久仰布里格斯大名，立即回信，欣然應允，並訂下了相會的日期。不久，布里格斯便登上了前往愛丁堡的旅途。

倫敦與愛丁堡之間路遙千里，而當時最快的交通工具只有馬車，雖則日夜兼程，也需要數天時間。而兩位科學家卻早已心馳神往，大家都盼望著這次會面時刻的到來！

俗話說：「好事多磨」。偏偏在這個節骨眼上，布里格斯的馬車中途因故拋錨。布里格斯心急如焚，卻又無可奈何！此後雖已加速前行，但終因此番耽擱，以致沒能如期抵達愛丁堡。

話說另一頭，在約定的日子裡，納皮爾左等右等，還是不見布里格斯的身影，焦慮使這位年近古稀的老人坐立不安。一天後，正當納皮爾望眼欲穿之際，突然門外響起了陣陣鈴聲。納皮爾喜出望外，急忙向大門奔去……當風塵僕僕的布里格斯出現在納皮爾面前時，兩位初次見面的數學家，像老朋友般緊緊地握住對方的雙手，嘴唇顫動著，卻久久說不出話來！

在很長一段時間之後，布里格斯終於先開了口：「此番我樂於奔命，唯一的目的是想見到您本人，並想知道，是什麼樣的天賦，使您第一個發現了這個對天文學妙不可言的方法。」

這次會面使兩位數學家結成了莫逆之交。布里格斯根據自己在牛津大學的講學經驗，建議納皮爾把對數的底數改為 10，主張

$$\log_{10}1 = \lg1 = 0$$
$$\log_{10}10 = \lg10 = 1$$

這樣，一個數 N 的對數，便可明確地分成兩個部分：一部分是對數首數，只與數 N 的整數位數有關；另一部分是對數尾數，則由數 N 的有效數字確定。也就是說，若

$$\lg N = a.\times\times\times\times$$

則

$$\begin{cases} a = [\lg N] \\ 0.\times\times\times\times = \lg N - [\lg N] \end{cases}$$

有道是「英雄所見略同」。納皮爾對布里格斯的建議大為讚賞，認為這種以 10 為底的對數，對通常的計算更為實用！

就這樣，納皮爾又以全部的精力，投入新對數表的製作，直至其不幸逝世。

　　納皮爾未竟的事業，由布里格斯繼承了下去。經歷了艱難的 8 年計算，1624 年，世界上第一本 14 位的常用對數表終於問世。不過，布里格斯的對數表實際上並不完全，只有 1 ～ 200,00 及 900,00 ～ 100,000 各數的對數。這個對數表的空隙部分，4 年後才由荷蘭數學家符拉克補齊。

　　隨著對數應用的擴大，各類精度更高的對數表，像雨後春筍般相繼出現，蔚為壯觀！其中有 20 位的，48 位的，61 位的，102 位的，而如今雄踞位數榜首的，是亞當斯的 260 位對數！

　　隨著對數表位數的增加，表格的厚度也越來越厚：4 位對數表只需要 3 頁；5 位對數表就需要 30 頁，而 6 位對數表則需要 182 頁……面對一本厚於一本的表格，人們終於開始反思。實踐讓他們意識到，表的位數如果多於計算量的度量精度，那麼表的位數越高，造成的時間和精力的浪費也就越大！於是，在實用的指導下，人們又逐漸從高位對數表，退回到低位對數表上來。在很長的一段時間裡，全世界的教科書幾乎都採用 4 位對數表。

　　對多位對數表反思的另一個結果，是更為快速的計算工具的誕生。圖 8.1 是一把曾經常見的計算尺式樣，尺上的讀

數分為三級，因此可以讀出 3 個有效數字。對精度要求不太
高的計算，計算尺是十分方便的！

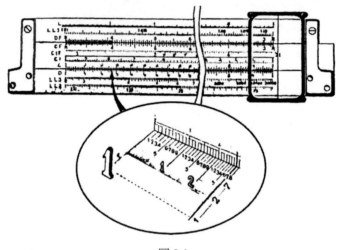

圖 8.1

計算尺的前身是納皮爾算籌，它是納皮爾於 1617 年發明
的，是在一些長方形的板片上刻寫數位，對起來進行乘除、
乘方、開方運算。

對數表和計算尺源出同宗，但優劣各異：精度高的速度
慢；速度快的精度低。是否存在兼兩者長處的計算工具呢？幾
個世紀以來，科學家們用自己的聰明才智，進行努力的探索！

1642 年，22 歲的法國數學家帕斯卡（Bryce Pascal，
1623 ～ 1662）製造出世界上第一臺加法電腦，打響了攻堅
的第一炮。

1677 年，著名的德國數學家萊布尼茲發明了乘法電腦。

1847 年，俄國工程師奧涅爾研製了世界上第一部功能完善的手搖電腦。

世界上第一臺電子電腦，是 1946 年，在美籍匈牙利數學家馮紐曼（Von Neumann，1903 ～ 1957）領導下製成的。它象徵著人類開始走進一個光輝的時代 —— 電子時代！

今天，電子電腦已經更新了十幾代，功能遠非 70 多年前所能相比，就拿計算速度來說，截至 2019 年 6 月，世界上前 500 大的超級電腦，其運算速度都超過 10^{15} 次／秒，而像美國橡樹嶺國家實驗室的 Summit 超級電腦等，其浮點數運算的峰值都已接近或達到 2×10^{17} 次／秒。如今，雖說各式各樣先進的電子計算工具早已替代了計算尺和對數表，然而，對數表的發明和它在歷史上的功績，將永不磨滅！

九、

並非危言聳聽

癌症對人類的威脅終於引起了政治家們的注意。他們開始意識到，對付人類的共同敵人，不應當存在國界！

1972 年，再次當選為美國總統的尼克森（Richard Milhous Nixon），建議美蘇兩國聯合攻克癌症。建議立即被採納，最直接的結果是雙方互贈研究成果：美國贈送的是供研究的 23 種致癌病毒，蘇聯回贈的是 6 名癌症患者的癌細胞標本。

翌年 1 月，美國國立癌症研究中心決定，將蘇聯的癌細胞標本分送給幾位科學家研究。其中的一份，送到了加州細胞培養實驗所所長尼爾森・芮斯博士手上。芮斯博士在顯微鏡下仔細檢查了全部標本，驚奇地發現這些細胞第 23 對染色體，全部都是女性的 XX ！

芮斯博士對此百思而不解，轉而求教於生物學家皮特森教授。教授對培養物進行了嚴格的查驗，結果得出了更加令人震驚的結論：所有的培養物，清一色含有一種特殊的酶，而這種酶幾乎只有黑色人種才會有。

芮斯博士決心對此弄個水落石出。經過幾番周折，他終於弄清楚了，所有蘇聯贈送的 6 種標本，全是 20 多年前死去的美國黑人拉克絲（Henrietta Lacks）的細胞！

原來拉克絲 1951 年 10 月死於一種罕見的子宮頸癌。這種特殊的癌細胞具有極強的繁殖力和生命力。拉克絲從發現

第一個病徵到死亡，整個過程不足 8 個月。這對普通的子宮頸癌來說，是絕無僅有的。拉克絲死時情狀極慘，整個腹腔幾乎都被癌細胞所占領！科學家們提取這種癌細胞加以培養，發現這些癌細胞竟以

$$y = A_0 \times 2^x$$

的指數曲線瘋狂地生長！每 24 小時便增加一倍（上式中 A_0 為原始數量，x 為天數）。就這樣，這種新發現的癌細胞被命名為「海拉」，並被嚴格控制於實驗室。

「海拉」細胞在不足一個月時間內，便能增加數千萬倍，這使過去一直認為的，健康細胞「自發」轉變為癌細胞的神祕現象，得到了新的解釋。原來所謂「自發」轉變，只不過是「海拉」細胞消滅並占領了整個培養物！

然而時隔 20 多年，「海拉」細胞不僅沒有死亡，而且還令人費解地流傳到國外，出現在莫斯科！於是，芮斯博士撰文向全世界敲起警鐘：「如果聽任『海拉』細胞在最適宜的情況下毫無抑制地生長，那麼到現在為止，它們很可能已經占領整個世界！」

這是危言聳聽嗎？不！這是科學的結論！

我想讀者一定還記得印度舍罕王重賞西洋棋發明者的故事。在那裡，僅 64 個格子翻倍的麥粒，就多達

$$2^{64} - 1 \approx 1.84 \times 10^{10} \text{（粒）}$$

這幾乎相當於當今全世界兩千年小麥的產量！

然而，對「海拉」細胞的繁殖來說，要達到這個數量，只需要兩個月多一點的時間。如果任其瘋狂生長，那麼照理論計算，一年後將達到

$$y = A_0 \times 2^{365}$$

現在，我們已經有了對數工具，讓我們計算一下，這究竟是多大的數量

因為

$$
\begin{aligned}
\lg y &= \lg A_0 + \lg 2^{365} \\
&= \lg A_0 + 365 \times \lg 2 \\
&= \lg A_0 + 365 \times 0.3010
\end{aligned}
$$

所以

$$\lg\left(\frac{y}{A_0}\right) = 109.865$$

從而

$$y = 7.328 \times 10^{109} A_0$$

這麼多的細胞，不要說占領整個地球，就算是占領整個宇宙也不算過分！

好在人類已經學會了對生物的有效控制：適時地制止一些有害生物指數般的繁殖和生長；並照人類的需求，挽救那些瀕臨滅絕的動植物，人為地讓牠們在適宜的環境中繁衍生息，傳宗接代！

具有諷刺意味的是，人類雖然很早就注意控制生物，卻遲遲沒有注意控制人類自己，世界人口依然按一條可怕的指數曲線在成長著！

西元初，地球上的人口不足 2.5 億；到 1650 年，世界人口剛達到 5 億。讓我們計算一下這段時間世界人口的成長率 P：

因為

$$5 \times 10^8 = 2.5 \times 10^8 \left(1 + P\right)^{1650}$$

所以

$$2 = \left(1 + P\right)^{1650}$$

$$\lg 2 = 1650 \lg \left(1 + P\right)$$

因為

$$\lg \left(1 + P\right) = 0.3010 \div 1650 = 0.0001824$$

所以

$$1 + P = 1.00042$$
$$P = 0.042\%$$

也就是說，在西元後的 1,600 多年裡，人口每年只平均成長 0.04% 多一些。然而，1650～1800 年，僅一個半世紀，世界人口就翻了一倍。可以算出這期間世界人口的成長率為 0.46%，比之前高了 10 倍！而 1800～1930 年，世界人口再次翻倍，達 20 億，到 1975 年又翻倍達 40 億，1987 年達 50 億，2011 年達 70 億，到 2019 年達 77 億……如圖 9.1 所示，世界人口沿著一條越來越陡峭的曲線直指上方！

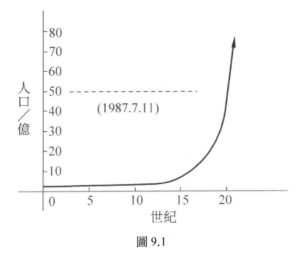

圖 9.1

爆炸的人口！人口的爆炸！我們這個星球喘息了！它開始感覺到自己負擔的沉重！

　　1972 年，舉世矚目的聯合國人類環境會議，在瑞典首都斯德哥爾摩召開了，會議提出以下口號：

　　「只有一個地球！」

　　科學家們告誡說，我們這個賴以生存的地球，最多只能養活 80 億～ 100 億人類。然而，照目前世界人口成長的速度，不久的將來，世界人口將突破 100 億，再這樣下去，地球將無法承擔這個負荷，人類將最終毀滅自己！

　　這是危言聳聽嗎？不！這是科學向人類提出的警告！

　　1987 年 7 月 11 日，生活在這個星球上的第 50 億人，在南斯拉夫的札格雷布市誕生了！這一天，聯合國人口活動基金會組織，向世界各國首腦分別贈送了一臺特製的「人口鐘」。這是一種奇異的計時器，它除了一般鐘錶功能外，還能顯示該時刻世界總人口的預測數，以及每分鐘各國人口的變化，它將隨時提醒各國首腦重視人口問題。

十、

追溯過去和預測將來

大家一定還記得那個毫無科學頭腦的烏索爾大主教吧！在〈五、揭開星期幾的奧祕〉中我們說過，嚴肅、理智的科學家們，用鐵的事實證實了我們這個星球早已存在幾十億年。那麼地球的年齡究竟有多大呢？人類是怎麼運用自己的智慧去追溯遙遠的過去呢？

　　1896 年，法國物理學家亨利‧貝克勒（Henri Becquerel，1852 ～ 1908）發現，鈾的化合物能放射出一種肉眼看不見的射線，這種射線可以使夾在黑紙裡的照相底片感光。物質的這種現象，引起了一位後來名揚四海的女科學家瑪里‧居禮（Marie Curie，1867 ～ 1934）的注意。瑪里‧居禮想，應該不是只有鈾才能發出射線吧！經她潛心研究，終於發現了一些放射性更強的元素。

　　1903 年，傑出的英國物理學家拉塞福（Ernest Rutherford，1871 ～ 1937），設計了一個極為巧妙的實驗，證實了放射性物質放出的射線有 3 種，而且在放出射線的同時，本身有一部分蛻變為其他物質。蛻變的速度不受冷熱變化、化學反應及其他外界條件的影響。

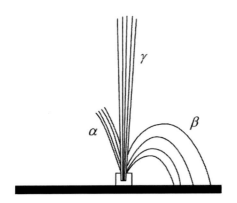

　　經過科學家們的不懈努力，人們終於弄清楚放射性蛻變的量的規律：即蛻變的變化量 Δm，與當時放射性物質的質量 m 及蛻變時間成正比。也就是說

$$\Delta m \propto - m\Delta t$$

右端的負號是因為蛻變後放射性物質減少的緣故。

上式寫成等式便是

$$\Delta m = - km\Delta t$$

在〈六、神奇的指數效應〉中我們說過，這時有

$$m = m_0 e^{-kt}$$

以下我們看一看，究竟需要多長時間，才能使放射性物質蛻變為原來的一半。為此，我們令 $m = \frac{1}{2}m_0$，於是

$$\frac{1}{2} = \mathrm{e}^{-kt}$$

$$\lg \frac{1}{2} = -kt\,\lg\mathrm{e}$$

從而

$$t = \frac{\lg 2}{k\,\lg\mathrm{e}} = 0.693 \times \frac{1}{k}$$

這是一個常數，這個常數只與放射性物質本身有關，稱為該放射性物質的半衰期。圖 10.1 畫的是鐳的衰變情況：每隔 1,620 年質量減為原來的一半。表 10.1 列的是一些重要放射性物質的半衰期。

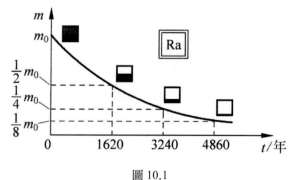

圖 10.1

表 10.1 部分放射性物質的半衰期

元素	同位素符號	半衰期
釷	Th 232	1.39×10^{10} 年
鈾 I	U 238	4.56×10^{9} 年
鐳	Ra 226	1620 年
釙 I	Po 210	138 天
釙 II	Po 214	1.5×10^{-4} 秒
釙 III	Po 216	0.16 秒
鈾 II	U 234	2.48×10^{5} 年

　　鈾是最常見的一種放射性物質，由表 10.1 得知，它的半衰期為 45.6 億年。也就是說，過 45.6 億年之後，鈾的質量剩下原來的一半。由於鈾蛻變後，最後會變成鉛，因此我們只要根據岩石中現在含多少鈾和多少鉛，便可以算出岩石的年齡。科學家們正是利用上述的方法，測得地球上最古老岩石的年齡為 30 億年。當然，地球年齡要比這更大一些，猜想有 45 億～ 46 億年！

　　以上用到的數學方法，不僅可以讓我們科學地追溯過去，而且可以幫助我們科學地預測將來。預見往往帶有神祕的色彩，甚至顯得驚心動魄！然而，在神祕性的迷霧中，科學性往往被忽視！很難有一個故事能比儒勒·凡爾納（Jules Verne，1828 ～ 1905）筆下的「大力士」，更生動地說明這一點了！在《桑道夫伯爵》（*Mathias Sandorf*）這部小說裡，作者描述了一個精彩動人的故事：

已經移去了兩旁撐住船身的支撐物，船準備下水了。只要把纜繩解開，船就會滑下去。已經有五六個木工在船的龍骨底下忙著。觀眾滿懷著好奇心注視著這件工作。這時候，卻有一艘快艇繞過岸邊凸出的地方，出現在人們的眼前。原來這艘快艇要進港口，必須經過「特拉波科羅」號準備下水的船塢前面。所以一聽見快艇發出訊號，大船上的人為了避免發生意外，就停止了解纜下水的動作，讓快艇先過去。假使這兩艘船，一條橫著，另一條用極高的速度衝過去，快艇一定會被撞沉的。

　　工人們停止了錘擊。所有的眼睛全都注視著這艘華麗的船。船上的白色篷帆在斜陽下像鍍了金一樣。快艇很快就出現在船塢的正前面。船塢上成千的人都出神地看著它。突然聽到一聲驚呼，「特拉波科羅」號在快艇的右舷對著它的時候，開始搖擺著滑下去了。兩條船就要相撞了！已經沒有時間、沒有方法能夠阻止這場災難了。「特拉波科羅」號很快地斜著向下面滑去……船頭捲起了因摩擦而起的白霧，船尾已經沒入水中。

　　突然出現一個人，他抓住「特拉波科羅」號前面的纜繩，用力地拉，幾乎把身子彎得接近到地面。不到一分鐘，他已經把纜繩繞在、釘在地裡的鐵椿上。他冒著被摔死的危險，用超人的力氣，用手拉住纜繩大約有 10 秒鐘。最後，纜

繩斷了。可是這10秒時間已經很足夠,「特拉波科羅」號進水以後,只輕輕擦了一下快艇,就向前駛了出去!

　　快艇已經脫險了。至於這個阻止慘事發生的人 —— 當時別人甚至來不及幫助他 —— 就是馬蒂斯。

　　以下我們用數學的方法來分析一下「特拉波科羅」號事件。

　　1748年,瑞士數學家尤拉在他的傳世之作《無窮小分析引論》中研究了滾輪摩擦的問題(圖10.2)。尤拉發現,對於一個很小的轉角 $\Delta\alpha$,繩子的張力差的量值 ΔT 與 T 及 Δa 成正比。即

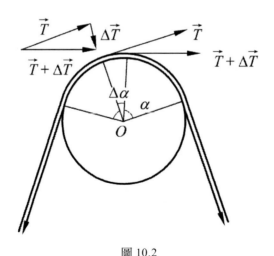

圖 10.2

$$\Delta T \propto T\Delta\alpha$$

寫成等式為

$$\mathit{\Delta}\mathrm{T} = -\mathrm{k}\mathrm{T}\mathit{\Delta}\alpha$$

式中 k 為摩擦係數,負號是因為問題中張力的值是減少的。根據〈六、神奇的指數效應〉中講過的公式,我們有

$$\mathrm{T} = \mathrm{T}_0 e^{-\mathrm{k}\alpha}$$

這就是著名的尤拉滾輪摩擦公式。

現在我們回到故事中來。假定「特拉波科羅」號船體重 50 噸,船臺坡度為 1:10,那麼船的下滑力約為 49,000 牛頓;又假設馬蒂斯來得及把纜繩在鐵樁上繞了 3 圈,即 $\alpha = 2\pi \times 3 = 6\pi$;而繩索與鐵樁之間的摩擦係數 $k = 0.33$。

把上述數值代入尤拉公式,便可得到馬蒂斯拉住繩子另一頭所需要的力氣 T(單位:牛頓)為

$$T = 49000 \times e^{-0.33 \times 6\pi}$$

T 的值是很容易用對數的方法或用電腦求出來的:

$$\lg T = \lg 49\,000 - 0.33 \times 6 \times 3.1416 \lg e$$

$$= 4.6901 - 0.33 \times 6 \times 3.1416 \times 0.4343$$

$$= 1.9886$$

$$T = 97.44$$

也就是說，儒勒·凡爾納筆下那位力挽狂瀾的人物馬蒂斯，實際上所用的力氣不足 98 牛頓。這是連一個少年都能做得到的！不過，馬蒂斯雖然無須是一個大力士，但他無疑需要具備非凡的膽量和見識！因此儘管科學最終宣告儒勒·凡爾納的預測和想像有點出入，但人們依然感謝這位法國文學大師、科幻小說之父，為我們留下了一則富有意義的、扣人心弦的故事！

十一、

變數中的常數

　　在金融界有許多現象與數學計算息息相關。在前面的章節裡，我們已經不止一次地看到，一筆原先並不多的資金，經過一段很長時間後，變成一筆極其巨大的財產！

　　今天的銀行存款中，存 8 年期的利率，往往高於存 1 年期或存 3 年期的利率。讀者可能以為這僅僅是為了鼓勵人們去存較長期限的儲蓄。實際上這是本該如此的！因為倘若存長期的利率沒有比存短期的利率高出一定額度，那麼可能存短期的儲蓄對儲戶更加划算！

　　為說明上述目前大多數讀者還不甚了解的道理，我們假定所有存款的年利率均為 12.5%（我們有意地把利率放大，是為了在後述的分析中，有一個明顯的區分度）。讓我們看看究竟會出現什麼問題！

　　假設今有甲，持本金 100 元存入銀行，存期 8 年。容易算出，8 年後他連本帶利恰好取回 200 元。

　　又假設乙，也持本金 100 元存入銀行，存期 4 年，4 年後取出，旋即又將本利再次存入，又存 4 年。容易算出，前後 8 年乙連本帶利共可收回（單位：元）

$$a_2 = 100 \times \left(1 + \frac{1}{2}\right)^2 = 225$$

　　看！乙把一次 8 年期的存款，分為兩次 4 年期存，本身只多辦一道手續，結果竟多得了 25 元，這相當於本金的

1/4，可算是一筆不少的金額！

再設丙、丁、戊，把 8 年的期限分得更細，分別等分成 3 次存、4 次存和 5 次存。每次取出後又立即將款項全數存入。這樣，前後 8 年，各人分別得到（單位：元）：

$$a_3 = 100 \times \left(1 + \frac{1}{3}\right)^3 = 237.04$$

$$a_4 = 100 \times \left(1 + \frac{1}{4}\right)^4 = 244.14$$

$$a_5 = 100 \times \left(1 + \frac{1}{5}\right)^5 = 248.83$$

同樣，某人 N，也有本金 100 元，但把 8 年期限等分成 n 次存，每次取出後再度存入，則 8 年後可得（單位：元）：

$$a_n = 100 \times \left(1 + \frac{1}{n}\right)^n$$

可以證明，當分割期限越短時，到期本利和越高。不過，當 n 無限增大時，變數 a_n 也不可能無限增大，它以一個常數為極限，這個常數為：

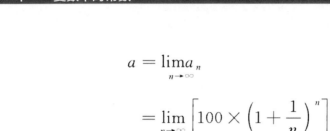

$$a = \lim_{n \to \infty} a_n$$

$$= \lim_{n \to \infty} \left[100 \times \left(1 + \frac{1}{n} \right)^n \right]$$

$$= 100e = 271.83$$

也就是說，如果存 1 年期的利率為 12.5%，那麼存 8 年期的年利率就必須不低於

$$P = \frac{\dfrac{a}{100} - 1}{8} = \frac{2.7183 - 1}{8} = 21.48\%$$

否則便會出現一種混亂的局面：儲戶為了謀求較高的利息，不惜花時間頻繁地取出又存進！

變數中的常數，往往如同上例中的極限值那樣，具有深刻的意義！對那些隱含於變化中的常數，其特殊的意義，有時甚至需要等到問題解答出來，才能知曉！

以下是一道簡單而有趣的智力問題。

一艘大船，船舷旁的繩梯共 13 階，每階距離 30 公分，後 3 階沒入水中。此時此刻風平浪靜，但馬上就要漲潮，潮速每小時 15 公分。問幾小時後再有 3 階沒入水中？答案為 4 個字：水漲船高！

在柯爾詹姆斯基的《趣味數學》中，有一則關於旅行的有趣故事。

甲、乙兩人騎腳踏車旅行，甲中途車壞了，只好停下來修理，但最後因無法修復而決定捨棄壞車，繼續前進。然而，此時兩人只有一車，於是約定：一人騎車，一人步行。騎車的人到某個地方把車留下，改為步行，而後面步行的人，走到留車的地方，換成騎車，騎一段時間後又改成步行，把車留給後者。如此這般，兩人輪流騎車。問從甲的車壞時起，最少需要花多長時間，兩人才能同時抵達目的地？假定車壞處（O）與目的地（E）之間的距離為 60 公里，腳踏車速度為 15 公里／小時，步行速度為 5 公里／小時。

以下讓我們透過作圖，來探討一下可能的解答。

以 O 為原點，時間為 x 軸，距離為 y 軸，建立座標系。由於人步行的速度和腳踏車速度都是變化過程中的常數，因此它們分別表現為座標系中的射線 OC 和 OD。

如圖 11.1（a），令 E_1、E_2 分別為甲、乙兩人車壞後第一次和第二次相遇的地點。此時，甲先步行到 A_1，然後騎車經過 E_1 抵達 A_2，又改成步行到 E_2；而乙則先騎車到 B_1，然後由 B_1 步行經 E_1 到達 B_2，又改成騎車抵 E_2；當然，在 E_2 相遇後各人依然繼續前行。由於車速和人速始終保持不變，所以表示騎車或表示步行的線段，應當各自平行。即四邊形

$OA_1E_1B_1$ 及 $E_1B_2E_2A_2$ 均為平行四邊形。又注意到甲改步行為騎車，與乙改騎車為步行，位於同一地點。因此線段 A_1B_1 及 A_2B_2 等都平行於 X 軸。假定兩次換車的地點距 O 處分別為 y_1，y_2 公里。則因射線 OC、OD 的方程式為

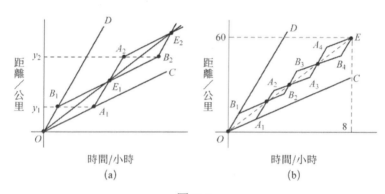

圖 11.1

$$OC：y = 5x$$

$$OD：y = 15x$$

可得 A_1、B_1 兩點的座標如下：

$$A_1\left(\frac{y_1}{5}, y_1\right)；\qquad B_1\left(\frac{y_1}{15}, y_1\right)$$

從而 E_1 點座標 (x_{E1}, y_{E1}) 為

$$\begin{cases} x_{E_1} = x_{A_1} + x_{B_1} = \dfrac{y_1}{5} + \dfrac{y_1}{15} = \dfrac{4}{15}y_1 \\[3mm] y_{E_1} = y_{A_1} + y_{B_1} = 2y_1 \end{cases}$$

因為

$$\frac{y_{E_1}}{x_{E_1}} = \frac{2y_1}{\dfrac{4}{15}y_1} = \frac{15}{2}$$

所以

$$y_{E_1} = \frac{15}{2} x_{E_1}$$

這顯示 E_1 點位於由原點發出的斜率為 $\dfrac{15}{2}$ 的射線上。同理，E_2，E_3，……也應當都位於這條射線上。再由於 O 點離目的地 E 距離為 60 公里，因此到達的時間 x 應滿足（單位：小時）

$$60 = \frac{15}{2} x$$

從而

101

$$x = 8$$

上述結果顯示：不管甲、乙兩人在路途上騎車、步行怎樣換來換去，只要是同時到達目的地，所用的時間總共是 8 小時！這類變數中的常數，並不是所有人一開始都能知道的。

有時某些變化的量中，總保持著某種特定的關係。一個最常見的例子，就是兩個正數 x_1、x_2 的關係式

$$\frac{x_1 + x_2}{2} \geqslant \sqrt{x_1 x_2}$$

這個式子的正確性是顯而易見的，因為它等價於

$$(\sqrt{x_1} - \sqrt{x_2})^2 \geqslant 0$$

等式只有當 $x_1 = x_2$ 時才成立。

上面的正數算術平均值與幾何平均值的關係式，可以推廣到 n 個數。即對於 n 個正數 x_1，x_2，……，x_n 有

$$\frac{x_1 + x_2 + \cdots + x_n}{n} \geqslant \sqrt[n]{x_1 x_2 \cdots x_n}$$

等號當且僅當 $x_1 = x_2 = \cdots = x_n$ 時才成立。

上述不等式的一個簡單而巧妙的證明，是利用對數函數

$y = \lg x$ 圖像的凸性。所謂函數圖像在某區間的凸性是指，在該區間函數圖像上的任意兩點所連成的線段，整個位於函數圖像的下方（或上方）。對數函數 $y = \lg x$ 圖像的凸性是很容易證明的，我們建議留給讀者。

現設 x_1，x_2，……，x_n 為 n 個正數，已從小到大排列。又 A_1 為相應於橫座標為 x_1 的、$y = \lg x$ 圖像上的點。易知，多邊形 $A_1 A_2 \cdots\cdots A_n$ 為凸多邊形，因此重心 $G\,(\bar{x}, \bar{y})$ 必位於多邊形內（圖 11.2）。

$$\lg \bar{x} \geq \bar{y}$$

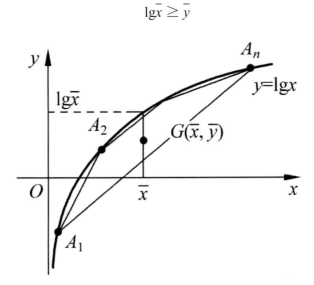

圖 11.2

因為

$$
\left\{
\begin{array}{l}
\bar{x} = \dfrac{x_1 + x_2 + \cdots + x_n}{n} \\[3mm]
\bar{y} = \dfrac{\lg x_1 + \lg x_2 + \cdots + \lg x_n}{n} = \lg \sqrt[n]{x_1 x_2 \cdots x_n}
\end{array}
\right.
$$

所以

$$
\lg \frac{x_1 + x_2 + \cdots + x_n}{n} \geqslant \lg \sqrt[n]{x_1 x_2 \cdots x_n}
$$

從而

$$
\frac{x_1 + x_2 + \cdots + x_n}{n} \geqslant \sqrt[n]{x_1 x_2 \cdots x_n}
$$

等號當且僅當 x_1，x_2，……，x_n 都相等時才成立。

上述不等式在數學的許多領域，有廣泛和有趣的應用。讀者在本書的後面章節中，將會不止一次地發現這個不等式的特殊價值！

十二、

蜜蜂揭示的真理

天工造物，常常使人驚嘆不已！大自然揭示的真理，有時需要幾個世紀才能了解其中的奧祕。生物的進化，積數億年的優勝劣汰，仍能繁衍至今的，往往包含著「最經濟原則」的啟迪。蜂窩的構造，大概是最讓人心悅誠服的例子！

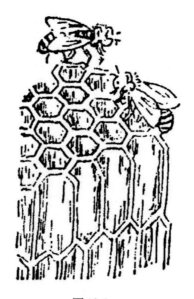

圖 12.1

　　圖 12.1 是蜂窩的立體剖面圖，讀者可以清楚地看到：雖然蜂窩的橫斷面是由正六邊形組成，但蜂房並非正六角柱，房底是由 3 個菱形拼成。圖 12.2 是一個蜂房的取樣，底朝上是為了讓讀者看得更加清楚。對圖 12.2 的形成，我們甚至可以想像得更加具體一點：拿一支正六角柱的鉛筆，未削

之前，鉛筆一端的形狀是如圖 12.2（b）的正六邊形 *ABC-DEF*，經由 *AC*，一刀切下一角，然後沿著 *AC* 把切下的那一角翻到頂端上去，過 *AE*、*CE* 各切同樣一角，與 *AC* 一樣翻轉上去，便堆成了蜂房的形狀。而蜂窩則是由這樣的蜂房底部和底部相接而成的。

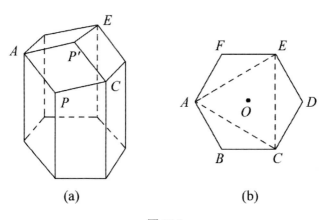

(a)　　　　　(b)

圖 12.2

　　蜂房為什麼是正六邊形的？這一點人們似乎很清楚，幾億年的進化成果，提示我們這種結構是最省材料的。事實上這是不難理解的：周長一定的圖形中，圓的面積最大，然而圓是無法鋪滿平面的，因此不得不讓位給正多邊形。那麼，究竟有多少種正多邊形能夠鋪滿平面呢？讀者只需注意到，這樣的正多邊形內角必能拼成一個周角，就容易明白。這樣的正多邊形只有 3 個，即正三角形、正方形和正六邊形。從

表 12.1 可以看出，以上 3 種圖形中，正六邊形是最合乎經濟原則的一種。

表 12.1 正多邊形的對比

圖形	面積	邊長或半徑	周長
正三角形	1	1.5197	4.559
正方形	1	1	4.000
正六邊形	1	0.6204	3.722
圓	1	0.5642	3.545

然而，關於蜂房的底部構造就不那麼一目了然了！

18 世紀初，法國學者馬拉爾琪曾實測蜂房底部的菱形，得出一個令人驚訝的有趣結論：拼成蜂房底部的每個菱形蠟板，鈍角都等於 109° 28'，銳角則等於 70° 32'。

不久，馬拉爾琪的發現，傳到了另一位法國人列奧繆拉的耳裡。列奧繆拉是一名物理學家，他想，蜂房的壁是由蜂蠟構成的，蜂房底部的這種結構，應該是最節省材料的！不過列奧繆拉並沒有因此而想出頭緒，只好把自己的想法拿去請教巴黎科學院院士、瑞士數學家克尼格。克尼格經過精心計算，得出更加令人震驚的結果：根據理論上的計算，建造同樣大小的容積，而用材料最少的蜂房，其底部菱形的兩角應是 109° 26' 和 70° 34'。這與實測的結果僅差 2'。

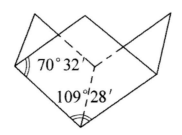

　　人們對克尼格的計算技巧和聰明才智倍加讚賞。他們認為，大自然竟能造就出像蜜蜂這樣出類拔萃的「建築師」，本身就是一個奇蹟。蜜蜂在這麼細小的建築上，僅僅誤差 2'是不足為奇的！

　　不料蜜蜂卻不買克尼格的帳，牠們依然堅持著自己祖先留下的法規，我行我素地建造自己的巢穴，並迫使大名鼎鼎的科學院院士克尼格承認錯誤！

　　說來也是偶然，一艘船隻應用克尼格用過的對數表確定方位，不幸遇難。在調查事件起因時，發現船上用過的那張對數表，竟然有些地方印錯了！這件事引起一位著名的蘇格蘭數學家科林·馬克勞林（Colin Maclaurin，1698 ～ 1746）的注意。1743 年，馬克勞林重新計算了最合乎經濟原則的蜂房結構，得出菱形鈍角應為 109° 28'，銳角為 70° 32'，與馬拉爾琪的實測結果絲毫不差！克尼格由於對數表的錯誤，算錯了 2'。

18 世紀的數學家用高深數學才能計算出來的東西，小小的蜜蜂卻早在億萬年前，就已投入實際應用，這是多麼的不可思議啊！

　　我想讀者一定很想了解克尼格和馬克勞林的計算。不過我們無須重複他們的老路。250 年來，人們已經找到了許多更加簡便的演算法。

　　讓我們把問題先作一番簡化。本節開始時說過，蜂房底部的構造可以視為是把正六角柱切掉 3 個角，然後翻轉到頂面堆砌而成。這樣的圖形顯然沒有改變原本正六角柱的體積。現在問題的癥結是，翻轉後的表面積是增加還是減少呢？

　　如圖 12.3（a）所示，假定正六角柱邊長為 1，切掉 3 個角的高為 x。很顯然，經過切割翻轉後的蜂房模型，比起原正六角柱來說，表面積少了一個面積為 $\frac{3\sqrt{3}}{2}$ 的頂面以及 6 個直角邊長為 1 和 x 的小直角三角形 $S_\triangle$（圖中陰影部分為一個小直角三角形）；但卻多了 3 個邊長為 $\sqrt{1+x^2}$，其中一條對角線為 $\sqrt{3}$ 的菱形面積 $S_\diamond$。由於菱形面積 $S_\diamond$ 不難算出，為

$$S_\diamond = \sqrt{3} \cdot \sqrt{(1+x^2) - \left(\frac{\sqrt{3}}{2}\right)^2}$$

$$= \frac{1}{2}\sqrt{3} \cdot \sqrt{1+4x^2}$$

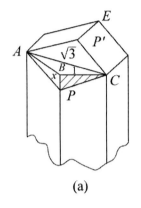 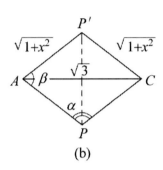

$$(a) \qquad\qquad (b)$$

圖 12.3

這樣，表面積的增加量，便可以表示為 x 的函數 $f(x)$

$$f(x) = 3S_\diamond - 6S_\triangle - \frac{3\sqrt{3}}{2}$$

$$= \frac{3\sqrt{3}}{2}\sqrt{1 + 4x^2} - 3x - \frac{3\sqrt{3}}{2}$$

顯然，使表面積增加量 $f(x)$ 達最小值的 x，便是最合乎經濟原則的蜂房所要求的。讓我們介紹一種由學生找到的、求 $f(x)$ 最小值的方法：

令

$$y = f(x) + \frac{3\sqrt{3}}{2}$$

111

則

$$y + 3x = \frac{3\sqrt{3}}{2}\sqrt{1 + 4x^2}$$

兩邊平方並加以整理，得

$$x^2 - \left(\frac{1}{3}y\right)x + \left(\frac{3}{8} - \frac{y^2}{18}\right) = 0$$

由於 x 必須為實數，從而上面二次方程式的判別式

$$\Delta = \frac{1}{9}y^2 - 4 \times \left(\frac{3}{8} - \frac{y^2}{18}\right) \geqslant 0$$

即

$$\frac{1}{3}y^2 - \frac{3}{2} \geqslant 0$$

因為

$$y > 0$$

所以

$$y_{\min} = \frac{3\sqrt{2}}{2}$$

把上述 y 的最小值代入求 x，得

$$x = \frac{\sqrt{2}}{4}$$

算出了 x，也就等於算出了菱形的邊長為 $\frac{3\sqrt{2}}{4}$。利用三角函數定義，可以算出菱形的鈍角 α 和銳角 β〔圖 12.3（b）〕：

$$\sin\frac{\alpha}{2} = \frac{\frac{\sqrt{3}}{2}}{\frac{3\sqrt{2}}{4}} = \frac{\sqrt{6}}{3} = 0.8165$$

反查正弦函數表可得

$$\frac{\alpha}{2} = 54°44'$$

$$\begin{cases} \alpha = 109°28' \\ \beta = 70°32' \end{cases}$$

這便是蜜蜂所揭示的真理！

十三、

摺紙的科學

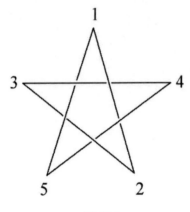

圖 13.1

　　早在西元前的古希臘，人們便深為五角星的魅力所吸引。那不是一般的五角星（圖 13.1），而是畢達哥拉斯信徒們俱樂部的徽章！圖中的象徵性數字，以及如同現代交流道那般的立體線條，使人們似乎感覺到一種無窮的運動，週期為 5，循環反覆，永不休止！

　　可能不少讀者在孩提時代，便已學會了用摺紙的方法來剪五角星。圖 13.2 直觀地表現了這個折法的過程。圖中的羅馬數字表示摺痕的先後順序。至於折五角星的原理，我想讀者看圖自明。只是最後一剪似乎帶有隨意性，因而剪出的圖形，嚴格來說，只能說是「五角星形」，而未必是正五角星。

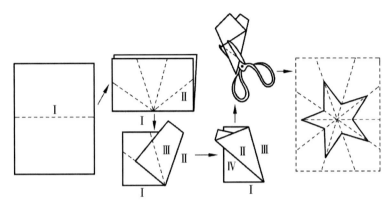

圖 13.2

　　摺紙藝術貌似簡單，但卻包含著深厚的科學道理。摺紙的方法也不是單一的。就以折正五角星來說，人們完全不必用上面那樣繁雜的摺疊程序！實際上只要打一個普通的結就足夠了！

　　圖 13.3 的 Ⅰ、Ⅱ、Ⅲ 生動地表現了打結的過程，所用的道具只是一條長長的紙帶而已！可以肯定地說，在此之前，並不是所有人都知道，我們天天司空見慣的打結動作，實際上正在創造一個又一個優美的正五角星。圖Ⅳ是將圖Ⅲ舉到亮光下，讓人透過外表看到內部的五星圖形！讀者若能親自試驗一下，一定會有感於大自然賜予的這個奇景！

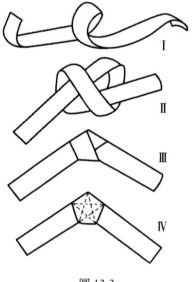

圖 13.3

　　可能讀者中會有人以為，摺紙只能折出直線的圖形，因為摺痕無論如何只會是直的。其實，這是一種誤解！夠多直的摺痕，有時也能圍出優美的曲線。

　　用紙剪出一個矩形紙片 $ABCD$。如圖 13.4（a）那樣反覆摺疊，保證每次折後 A 點都落在 CD 邊上。大量的摺痕會像圖 13.4（b）那樣圍出一條曲線。這樣的曲線，在幾何學上稱為摺痕的包絡。圖 13.4（b）的包絡曲線，是一段拋物線弧。

　　當你拋擲石頭時，會看到石頭在空中劃出一條美麗的弧線。這條弧線是因石頭同時受地心引力和慣性運動兩者作用

的結果。假設你拋擲石頭時與水平成 α 角，又出手時速度為 v_0，則在時刻 t，石頭運動的位置座標（x，y）為

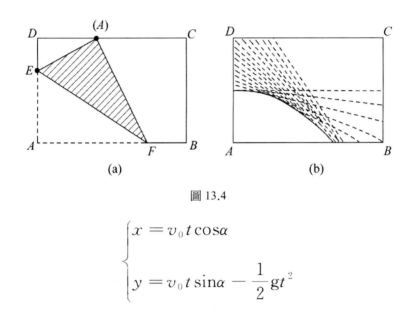

圖 13.4

$$\begin{cases} x = v_0 t \cos\alpha \\ y = v_0 t \sin\alpha - \dfrac{1}{2} g t^2 \end{cases}$$

消去時間 t 後，將得到一個關於 x 的二次函數。因此，二次函數的圖形也稱為拋物線。有趣的是，當我們拋擲的初速度不變，而僅僅改變拋擲角時，將會得到如圖 13.5 那樣一系列的拋物線，這無數拋物線的包絡，也會形成一條拋物線，物理學上稱為「安全拋物線」。假如讀者有機會欣賞噴水池中噴射出的美麗水簾，那麼將會領略這個想像中包絡曲線的特有風采！

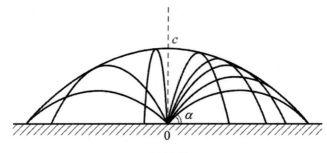

圖 13.5

讓我們回到摺紙的課題上來，研究一下為什麼前面講到的摺痕包絡是一條拋物線？

如圖 13.6 所示，以 AD 的中點 O 為原點，以 OD 為 y 軸正向，建立直角座標系。令 $AD = p$，則 A 點的座標為 $\left(0, -\frac{p}{2}\right)$；設 A' 為 CD 上的任意一點，EF 為 A 折向 A' 時紙上的摺痕；T 在 EF 上，滿足 $TA' \perp CD$。以下我們證明：T 點的軌跡，即為摺痕的包絡曲線。

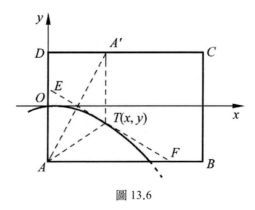

圖 13.6

事實上，令 T 點的座標為 (x, y)：

因為

$$\begin{cases} A'T = \left(\dfrac{p}{2} - y\right) \\[2mm] AT = \sqrt{x^2 + \left(y + \dfrac{p}{2}\right)^2} \\[2mm] A'T = AT \end{cases}$$

所以

$$\left(\frac{p}{2} - y\right)^2 = x^2 + \left(y + \frac{p}{2}\right)^2$$

整理得

$$y = -\frac{1}{2p}x^2$$

也就是說，T 點的軌跡是一段拋物線弧。剩下的問題是，必須證明它與摺痕相切。為此，令直線 AA' 的斜率為 k，則

$$k = \frac{p}{x_{A'}}$$

注意到摺痕 EF 為線段 AA' 的垂直平分線，容易求出直線 EF 的方程式為

$$y = -\frac{x_{A'}}{p}\left(x - \frac{x_{A'}}{2}\right)$$

聯立

$$\begin{cases} y = -\dfrac{1}{2p}x^2 \\[2ex] y = -\dfrac{x_{A'}}{p}\left(x - \dfrac{x_{A'}}{2}\right) \end{cases}$$

可得

$$x^2 - 2xx_{A'} + (x_{A'})^2 = 0$$
$$\Delta = 4(x_{A'})^2 - 4(x_{A'})^2 = 0$$

從而，直線 EF 與曲線 $y = -\frac{1}{2p}x^2$ 相切。這就證明了所求的拋物線的確是摺痕的包絡。

包絡是微分幾何研究的課題之一，1827 年，德國數學家高斯首創。

圖 13.7 是又一種有趣的摺紙包絡。剪一個圓形紙片，在圓片內任取一點 A，然後如圖 13.7（a）反覆摺疊紙片，使折後的圓弧都通過 A 點，如此得到圖 13.7（b）的無數摺痕。這些摺痕的包絡，便是一個以 A 點和圓心為焦點，長軸為半徑的橢圓。讀者不妨親自折一個試試看。

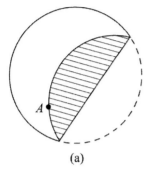 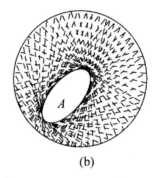

(a)　　　　　　　　　　　(b)

圖 13.7

　　最為神奇的摺紙，大概莫過於「三浦摺疊法」。它是由日本東京大學構造工學的三浦公亮教授發明的。這種摺紙法，竟能讓無生命的紙張具有「記憶」的功能！

　　大家都知道，當我們想把一大張紙折小，常用的是互相垂直的摺疊法。這種摺疊法的摺痕是「山」還是「谷」，是互相獨立的。從而各種可能的折法組合，總數很大！當一大張摺好的紙完全展開時，很難讓它重新折回到原本的位置。另外這種互相垂直的折法，折縫往往疊得很厚，因而在張力的作用下，難免造成破損！

　　「三浦摺疊法」也叫「雙層波形可擴展曲面」，它不同於「互相垂直摺疊法」的地方在於：縱向折縫微呈鋸齒形（圖 13.8）。這樣，當你開啟一張用三浦摺疊法摺疊的紙時，你會發現，只要抓住對角部分，往任何方向一拉，紙張便會自動地同時向縱橫兩個方向開啟。同樣的，如果想摺疊這樣

的紙張，只需隨意擠壓一方，紙便會回到原狀，相當於記住原樣！

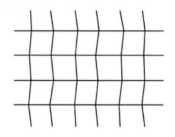

圖 13.8

　　用三浦摺疊法摺疊紙張，整張紙成為一個有機的連結體。它的折縫組合，只有全部展開與全部折返兩種。因而不會因為摺疊時折縫沒有對齊而損壞。圖 13.9（b）表示用「三浦摺疊法」摺疊時的情景。容易看出，這裡的折縫是互相錯開的。圖 13.9（a）則是普通摺疊法，不難發現，這裡的折縫，在重疊處出現了危險的隆起！

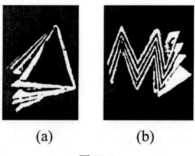

(a)　　　　(b)

圖 13.9

今天，神奇的三浦摺疊法已經獲得廣泛應用。在人類征服太空的宏圖中，對建造大面積的太陽帆、人造月亮等方面，應用前景尤為突出！

十四、

有趣的圖算

最早的算圖（列線圖），大約要追溯到 1630 年代。笛卡兒座標系的建立，讓我們有可能透過座標的變化，描繪出函數的圖像。而這種圖像顯然又可用以計算函數的值。

然而，真正的圖算，則起源於另一名法國數學家，畫法幾何的奠基人加斯帕爾·蒙日（Gasper Monge，1746～1818）。

蒙日的嶄露頭角，出自一次偶然的事件。在法國梅濟耶爾軍事學院的一次築城學設計實習中，正當許多學生為煩瑣和重複的計算而深深苦惱時，蒙日用他獨創的作圖方法，替代了複雜的計算，輕鬆地得到了結果。這件事讓主持這門課程的軍官大為震驚，並因此對他另眼相看。蒙日所用的方法，後來發展為畫法幾何。上述事件最為直接的結果是，促成 22 歲的蒙日成為梅濟耶爾軍事學院最年輕的教授。

蒙日的成就除畫法幾何外，還有算圖的創製。1795 年出版的《影像代數》一書，是蒙日關於圖算的代表作。

什麼是圖算？什麼是算圖？要了解其間的來龍去脈，還得先從自然現象間的相似性說起。

想必讀者一定已經掌握透鏡成像的規律。圖 14.1 是一根蠟燭在凸透鏡下成像的示意圖。圖中的 f 是透鏡的焦距，u 是物距，v 是像距。u，v，f 3 種變數間滿足以下關係式

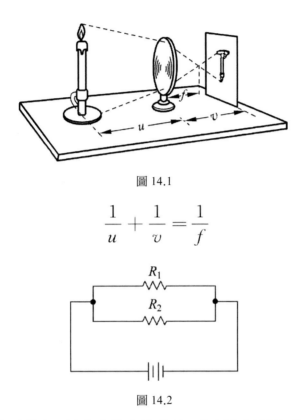

圖 14.1

$$\frac{1}{u} + \frac{1}{v} = \frac{1}{f}$$

圖 14.2

在電學中，讀者會驚奇地發現一些極為相似的式子：兩個阻值分別為 R_1、R_2 的電阻相並聯（圖 14.2），並聯後的電阻 R 滿足

$$\frac{1}{R_1} + \frac{1}{R_2} = \frac{1}{R}$$

相似的式子甚至出現在一些實用的計算中。如某工程由甲隊單獨完成需要 x 天，由乙隊單獨完成需要 y 天；若兩隊合作完成需要 z 天，則 x、y、z 之間的關係為

$$\frac{1}{x} + \frac{1}{y} = \frac{1}{z}$$

千差萬別的現象之間，居然出現數學模式的雷同！這種天工造物的巧合，至少為數學家創造了一個機會，即尋求解決類似計算問題的方法。圖算正是在這種情況下應運而生的產物，算圖則是圖算的特有工具。

圖 14.3 是一張相當精妙的算圖：

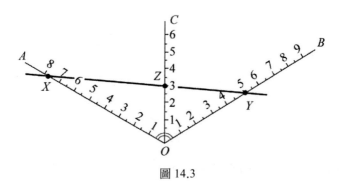

圖 14.3

從 O 點發出的 3 條射線 OA、OC、OB，滿足 $\angle AOC = \angle COB = 60°$；在各條射線上用同樣的單位長進行刻度，這樣就製成了所需要的算圖。這張算圖可以用來進行透鏡公式的計算。使用時，只要用一把直尺，把 OA 上刻度為 u（物

距）的點 X 與 OC 上刻度為 f（焦距）的點 Z，連成一條直線。這條直線與 OB 的交點 Y，其刻度就是所求的像距 v。

以上算圖的圖算原理如下：

$\triangle XOZ$、$\triangle ZOY$ 及 $\triangle XOY$ 的面積

$$\begin{cases} S_{\triangle XOZ} = \dfrac{1}{2}uf\sin 60° = \dfrac{\sqrt{3}}{4}uf \\[3mm] S_{\triangle ZOY} = \dfrac{1}{2}fv\sin 60° = \dfrac{\sqrt{3}}{4}fv \\[3mm] S_{\triangle XOY} = \dfrac{1}{2}uv\sin 120° = \dfrac{\sqrt{3}}{4}uv \end{cases}$$

因為

$$S\triangle XOZ + S\triangle ZOY = S\triangle XOY$$

所以

$$\frac{\sqrt{3}}{4}uf + \frac{\sqrt{3}}{4}fv = \frac{\sqrt{3}}{4}uv$$

即得

$$\frac{1}{u} + \frac{1}{v} = \frac{1}{f}$$

　　這意味著算圖中的 3 支尺的刻度 u、v 和 f，滿足透鏡公式。

　　圖算的構思，無疑需要很高的技巧。在構造算圖時，「對數尺」往往是很有用的。所謂對數尺，是指在刻度為 x 的地方，實際長度只有 $\lg x$ 個單位。一個最有用的例子，是構造計算

$$z = x^a y^b$$

的算圖。這個算圖當 $a = b = 1$ 時，就是普通的乘法。

　　假設用兩支平行的對數尺作為 x、y 尺，讓我們看一看 z 尺是怎麼刻劃的（設 z 尺與 x、y 尺平行）。

　　如圖 14.4 所示，令 $AC = m$，$CB = n$，$CF = \varphi(z_1)$，由三角形相似知：

$$DM : MF = EN : NF$$

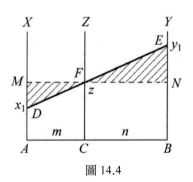

圖 14.4

因為

$$AD = \lg x_1 \; ; \; BE = \lg y_1$$

所以

$$\frac{\lg y_1 - \varphi(z_1)}{\varphi(z_1) - \lg x_1} = \frac{n}{m}$$

解出 $\varphi(z_1)$ 得

$$\varphi(z_1) = \frac{n}{m+n}\lg x_1 + \frac{m}{m+n}\lg y_1$$

令

$$\begin{cases} a = k \cdot \dfrac{n}{m+n} \\ \\ b = k \cdot \dfrac{m}{m+n} \end{cases}$$

則

$$\varphi(z_1) = \frac{1}{k}(a\lg x_1 + b\lg y_1)$$

$$= \frac{1}{k}\lg x_1^a y_1^b = \frac{1}{k}\lg z_1$$

也就是說，只要把 z 尺也做成對數尺，但單位縮小 k 倍，那麼這樣構造出來的算圖，便可以用來計算

$$z = x^a \cdot y^b$$

圖 14.5 是 $a = 1$，$b = 1$，$k = 2$ 的特例，這時可求得 m $= n$，此即普通乘法 $z = xy$。

有時一些算圖的構造，包含著極為巧妙和深刻的原理，但使用起來卻出奇的容易！

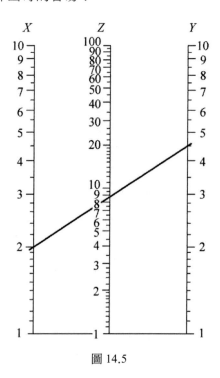

圖 14.5

圖 14.6 可用於計算分式線性函數

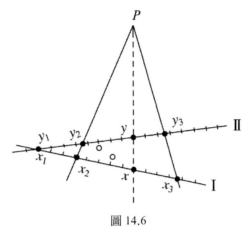

圖 14.6

$$y = f(x) = \frac{ax + b}{cx + d}$$

的值。圖 14.6 中尺 I 是普通的座標軸（x 軸）；尺 II 為動尺，刻度與尺 I 相同。兩尺上的 3 組對應值滿足

$$\begin{cases} y_1 = f(x_1) \\ y_2 = f(x_2) \\ y_3 = f(x_3) \end{cases}$$

則過 P 點作與兩尺相交的直線，交點的刻度 x、y，將滿足

$$y = \frac{ax + b}{cx + d}$$

圖 14.7 是一張精妙絕倫的乘法算圖。

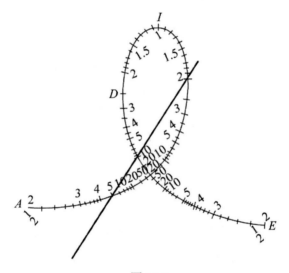

圖 14.7

只有一根曲線、一把直尺，可與曲線相交得出 3 個交點，它們的刻度分別表示乘數、被乘數和積。親愛的讀者，假如你能用這樣的算圖進行計算，我想你的心底一定會感受到一種盎然的趣味！

以下的算圖是讀者意想不到的，它可以由二次方程式

$$x^2 + px + q = 0$$

的係數 p、q，輕而易舉地求出方程式的兩個根。

圖 14.8 中 $p = -4$，$q = 2$，相應的根為

$$x_1 = 3.4，x_2 = 0.6$$

如果圖 14.8 中虛線與曲線不相交，則顯示所給二次方程式沒有實數根，如果圖 14.8 中虛線與曲線相切，則顯示所給方程式兩根相等。

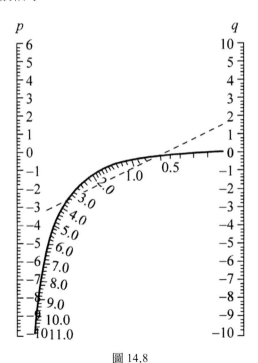

圖 14.8

137

　　有趣的圖算，從蒙日起，至今已經經歷了 200 多年。今天，圖算已發展成為一門實用的數學分支。

　　算圖另有一個學術名稱叫「諾謨圖」，那是在 1890 年舉辦的一次世界性數學家會議上確定的！

十五、

科學的取值方法

　　下面是一道趣味性和實用性兼具的智力思考題。

　　給你一本書，你能用普通的刻度尺，量出一張紙的厚度嗎？答案是肯定的！我想聰明的讀者都已猜到了。謎底是，量出全書的厚度（如果書很薄，可以把相同的書疊幾本），然後除以全書紙的張數，即得每張紙的厚度。

　　以《辭海》縮印本（1980 年 8 月版）為例，該書除了封面外，厚 60 公厘，全書共 2,256 頁，計 1,128 張紙，那麼每張紙厚約

$$x = \frac{60 \text{ 毫米}}{1128} = 0.0532 \text{ 毫米}$$

　　上述方法可用於類似的場合。例如，為了測出細漆包線的直徑大小，可以採用繞線的方法，在一根鉛筆上，緊密地繞 n 圈，如圖 15.1 所示，測量出這 n 圈漆包線在鉛筆上所占位置的長 L，則該漆包線的直徑 d，顯然應該滿足

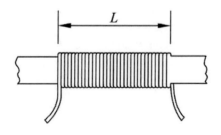

圖 15.1

$$nd = L$$

$$d = \frac{L}{n}$$

然而，儘管很多人都懂應該這麼做，但並不一定所有人都知道這麼做的科學原理。仍以測量《辭海》的書頁為例，實際上我們很難找到書中哪一頁紙的厚度恰好等於 0.0532 公厘，所有 1,128 張紙都有它們各自的厚度（單位：公厘）

$$a1，a2，a3，……，a1128$$

只是這 1,128 個數的總和是一個常數，即

$$\sum_{i=1}^{1128} a_i = a_1 + a_2 + \cdots + a_{1128} = 60$$

而 0.0532 公厘，則是這 1,128 個數的平均值。

現在需要證明的是：對於量 x 的 n 個觀測值 a_1，a_2，……，a_n，它們的平均值

$$\frac{\sum_{i=1}^{n} a_i}{n} = \frac{a_1 + a_2 + \cdots + a_n}{n}$$

是所要測定的量 x 的最理想取值。式中求和符號表示從 1 累加到 n。

事實上，最理想的取值 x，應當使它與 n 個觀察值的差的總和為最小。但考量到差 $(x-a_i)$（$i = 1，2，……，n$）可能有正有負，如果直接把它們相加，勢必使某些差的值相抵消，影響了偏離的真實度，這顯然是不合理的。於是，人們想到了用 $(x-a_i)^2$ 來替代相應的差。這樣一來，最理想的取值 x 應當使函數

$$y = (x - a_1)^2 + (x - a_2)^2 + \cdots + (x - a_n)^2$$
$$= nx^2 - 2\left(\sum_{i=1}^{n} a_i\right)x + \sum_{i=1}^{n} a_i^2$$

取極小值。這是關於 x 的二次函數，當

$$x = \frac{\sum_{i=1}^{n} a_i}{n} = \frac{a_1 + a_2 + \cdots + a_n}{n}$$

時 y 取極小值。這就是為什麼平均值可以視為觀測量最理想取值的道理。

同樣的原理可以用於二維的情形，只是計算稍微複雜一些，我們將會得到的結果，在數學上非常有名，叫「最小平方法」。它是德國數學家高斯於 1795 年創立的，那時他年僅18 歲！

現在假定我們觀察到 n 個經驗點（圖 15.2）：

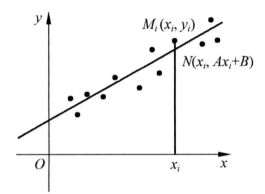

圖 15.2

$$(x_1，y_1)，(x_2，y_2)，\cdots\cdots，(x_n，y_n)$$

如果我們認定這 n 個經驗點 M_i（$i = 1，2，\cdots\cdots，n$）是對直線 $y = Ax + B$ 上的點在觀測時的誤差。那麼，這些經驗點 M_i（$x_i，y_i$）與直線上相應點 N（$x_i，Ax_i + B$）之間的以下量

$$y = \sum_{i=1}^{n} \overline{M_i N_i}^2 = \sum_{i=1}^{n} \left[y_i - (Ax_i + B) \right]^2$$

應當取極小值。「最小平方法」的名稱，大概就是由此而來！

函數 y 顯然可以寫成 A 的二次函數

$$y = \left(\sum_{i=1}^{n} x_i^2 \right) A^2 - 2 \left[\sum_{i=1}^{n} x_i (y_i - B) \right] A + \sum_{i=1}^{n} (y_i - B)^2$$

143

從而當

$$A = \frac{(\sum\limits_{i=1}^{n} x_i y_i) - B(\sum\limits_{i=1}^{n} x_i)}{(\sum\limits_{i=1}^{n} x_i^2)}$$

時取極小值。整理得

$$(\sum\limits_{i=1}^{n} x_i^2) A + (\sum\limits_{i=1}^{n} x_i) B = \sum\limits_{i=1}^{n} x_i y_i$$

同理，函數 y 又可以寫成 B 的二次函數，而當這個函數取極小值時，又得

$$(\sum\limits_{i=1}^{n} x_i) A + nB = \sum\limits_{i=1}^{n} y_i$$

這樣，由線性方程組

$$\begin{cases} (\sum\limits_{i=1}^{n} x_i) A + nB = \sum\limits_{i=1}^{n} y_i \\ (\sum\limits_{i=1}^{n} x_i^2) A + (\sum\limits_{i=1}^{n} x_i) B = \sum\limits_{i=1}^{n} x_i y_i \end{cases}$$

便可以確定引數 A、B 的值。從而得到一條最逼近 n 個經驗點 M_i（$i = 1$，2，……，n）的直線

$$y = Ax + B$$

最小平方法在科學上有許多妙用。以下是一個如同神話般精妙無比的例子。數學工具幫助歷史學家解開了一個千古之謎！

傳說古日本有一個強盛的邪馬臺國，日本的文化發祥於此地。239 年，邪馬臺國女王卑彌呼曾經派遣使臣前往當時魏國的京都洛陽，向魏明帝（曹操的孫子）進貢物品。魏明帝賜卑彌呼為「親魏倭王」，並賞黃金、絲綢等大批物資。

這個友好來往的歷史事件，經歷了近兩千年的漫長歲月後，在人們的記憶中漸漸淡去，連邪馬臺國位於日本島的何處也成了不解之謎！

日本東京大學有位歷史學教授平山朝治，他不僅精通歷史，而且擅長數學。一天，平山教授正專心翻閱中國古籍史書《三國志》，突然一篇〈魏志·倭〉落入他的視野。文中記述了當時魏國使者前往倭國的實際行程。一種突來的靈感，使平山對邪馬臺國的奧祕產生了濃厚的興趣。於是他懷著興奮的心情，逐字逐句把文章細讀了一遍，但見文中寫道：

從郡至倭，循海岸水行，歷韓國，乍東乍南，到其北岸狗邪韓國，七千餘里，始渡一海，千餘里至對馬國。……又

南渡一海千餘里，……至一大國，……又渡一海，千餘里至末盧國，……東南陸行五百里，到伊都國，……東南至奴國百里，……東行至不彌國百里，……南至投馬國，水行二十日，……南至邪馬一國，女王之所都，……可七萬餘戶。

　　然而，當平山先生讀完全文時，原本熱呼呼的心，彷彿涼了半截！原來〈魏志‧倭〉中的「里」，是個謎中之謎！這種懷疑不能說沒有道理。古代的長度單位顯然是不同於今的。讀者看過《三國演義》吧？那裡描寫劉備身高 7.5 尺，張飛身高 8 尺，關雲長身高 9 尺。照現在換算，他們的高度堪稱世界之最，這有可能嗎？又如《水滸傳》中矮得出奇的武大郎，書中寫他身高 5 尺，這在現在算是中等身材，所以文中的「里」就更值得打個問號了！

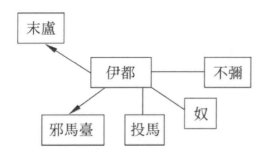

　　不過，平山先生並沒有因此灰心喪氣。他慧眼獨具，從〈魏志‧倭〉字裡行間的差異，分析出伊都國應當是使者

的大本營。而「對馬國」和「一大國」，被令人信服地判斷就是現今的對馬島和壹岐島。這樣，平山就讓自己的所有數據，有了一個可被信賴的參照點。從而使他能夠運用科學的最小平方法，找出魏時的里與今天公里之間的函數關係

$$y = -9.90 + 0.0919x$$

並由此判定，伊都國即當今日本本州的福岡縣。

不過，接下去情況似乎有點不妙！因為最後推出邪馬臺國竟坐落在九州島的荒涼山區。這是不可思議的！連平山本人也懷疑這樣的結論！昔日有 7 萬戶的繁華國度，無論如何，今天不可能荒無人跡！

經過反覆研究，問題竟回到了〈三、聖馬可廣場上的遊戲〉中講到的現象：使者實際上走的並非是一條直線，而是一條弧線。經修正後，平山教授得出了以下驚人的結論：「古邪馬臺國中心，位於現在日本福岡縣的久留米。」

前些年，日本的考古學家正在進行實地挖掘。他們希望有朝一日能在久留米一帶發現卑彌呼女王的寢陵！

十六、

神祕的鐘形曲線

數學家和物理學家的爭論是很有趣的。物理學家總是把自己的實驗數據奉為金科玉律；而數學家則堅持實驗不可能絕對精確，所得的數據只會是某種理論數值的偏差而已！

物理學家從天文望遠鏡中，看到了遠方的星球正紛紛離我們而去，於是驚呼：「我們這個宇宙正在膨脹！」

數學家解釋說：「這要看怎麼說！君不見競技場上的賽車，甲、乙、丙、丁、戊每人都沿同一個方向在環形跑道上行駛。甲的速度大於乙，乙的速度大於丙，丙的速度大於丁，丁的速度大於戊。但他們人人都說，別人正在離他而去！」

然而，值得欣慰的是，所有的爭論，結果還是美好的。物理學家為理論找到了實踐模式，數學家為實踐找到了理論依據！有一點是無可辯駁的，即測量的量不可能絕對精準。要補充的是，測量的偏差本身也遵循著一種規律。

一位教師在統計自己任教的兩個班級學生的成績時，得到了以下的成績表（表 16.1）。

這位教師根據表 16.1 畫出了學生成績分布直方圖（圖 16.1），這時他驚訝地發現：所得直方圖很接近一種兩頭低中間高的鐘形曲線。而這種鐘形曲線，在許多場合都神祕地出現過！

表 16.1 學生成績表

級距	次數計算	次數	相對次數
95～100	一	1	0.01
90～95	正	4	0.04
85～90	正丁	7	0.07
80～85	正正正正丁	22	0.22
75～80	正正正正正	24	0.24
70～75	正正正正正	24	0.24
65～70	正正	10	0.10
60～65	正一	6	0.06
55～60	一	1	0.01
50～55	一	1	0.01
合計		100	1.00

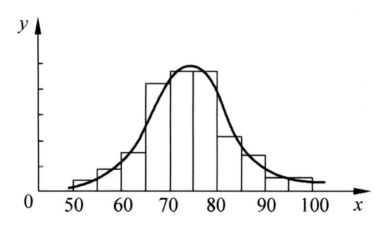

圖 16.1

151

1261 年，中國宋朝數學家楊輝在《詳解九章算法》一書中，記載了一幅圖形（圖 16.2），這個圖形據稱為 12 世紀的賈憲所創，不過現今人們都把它稱為楊輝三角形或帕斯卡三角形，後者是法國數學家帕斯卡曾於 1653 年使用過。

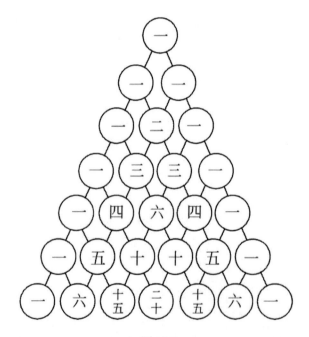

圖 16.2

　　楊輝三角形的構造法則如下：三角形的兩條斜邊都由數字 1 組成，其餘的數都等於它肩上的兩數相加。圖 16.3 是根據上述法則得到的，容易看出，每排數字的總和恰好都是一個 2 的冪。

```
                    1
                 1     1
              1     2     1
           1     3     3     1
        1     4     6     4     1
     1     5    10    10     5     1
   1     6    15    20    15     6     1
 1     7    21    35    35    21     7     1
1    8    28    56    70    56    28    8    1
1  9   36   84   126  126   84   36   9   1
```
······

圖 16.3

　　例如，第 10 排數字的總和為 $512 = 2^9$，把這些數的分布畫出座標，可以連成一條鐘形曲線！

　　讀者不知是否想過，神槍手也不可能百發百中，只是他們命中紅心的機會較多，而偏離紅心的機會較少罷了！圖 16.4 畫出了神槍手（Ａ）、普通射手（Ｂ）和一般人（Ｃ）射擊命中率的鐘形曲線，它們之間的差別是一目了然的！

　　要揭示神祕鐘形曲線的奧祕，我們還得藉助射擊的例子。

　　當我們瞄準靶心 O 開槍射擊時，離靶心越遠的地方，自然彈著的可能性越小。

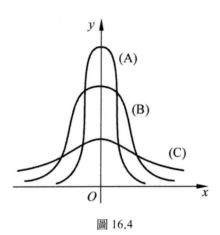

圖 16.4

　　今以靶心為原點，如圖 16.5 建立直角座標系 xOy，並令 $y = \varphi（x）$ 為表示命中率的鐘形曲線。

　　由對稱關係，顯然可設

$$\varphi（x） = f（x^2）$$

　　如圖 16.5，在 n 次射擊中，區間 Δx 內的彈著點應正比於射擊次數及命中區間的長度，即彈著數

$$\Delta n = nf（x^2）\Delta x$$

　　從而，在區間 Δx 內命中的頻率

$$\Delta p_x = \frac{\Delta n}{n} = f(x^2)\Delta x$$

同理

$$\Delta p_y = f\ (y^2)\Delta y$$

對整個靶面來說，小陰影區 ΔA 的彈著頻率 Δp 顯然可以寫成

$$\Delta \mathrm{p} = \Delta \mathrm{p_x}\Delta \mathrm{p_y} = \mathrm{f}\ (\mathrm{x}^2)\mathrm{f}\ (\mathrm{y}^2)\Delta \mathrm{A}$$

在平面上，以 O 為原點另立 uOv 座標系（圖 16.6），使 u 軸恰過 A 點。由於彈著點的頻率是與座標軸選擇沒有關係的，從而又有

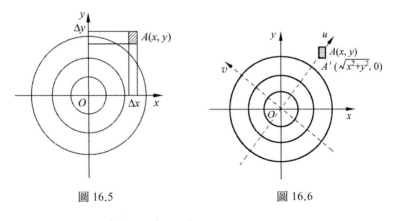

圖 16.5　　　　　　　　圖 16.6

$$\Delta p = \Delta p_u \Delta p_v$$
$$= f(u^2)f(v^2)\Delta A$$

注意到在 xOy 中的 A（x，y）點，在 uOv 中的座標應為 $A'(\sqrt{x^2+y^2}, 0)$。比較 Δp 得

$$\text{f}(x^2)\text{f}(y^2) = \text{f}(x^2+y^2)\text{f}(0)$$

令 $f(0) = k$，$x^2 = \alpha$，$y^2 = \beta$，則上式化為

$$\text{f}(\alpha)\text{f}(\beta) = \text{kf}(\alpha+\beta)$$

這樣的式子在數學上稱函數方程式。本書不可能詳細講述這類方程式的解法，只是告訴讀者上述函數方程式的解為

$$\text{f}(\alpha) = \text{k}e^{b\alpha}$$

這是容易驗證的。

因為離靶心越遠，彈著可能性越小，所以 $f(\alpha)$ 為減函數。從而 $b < 0$。令 $b = -h^2$，則得

$$\text{f}(x^2) = \text{k}e^{-h^2x^2}$$

所以

$$y = \varphi(x) = \text{k}e^{-h^2x^2}$$

這就是神祕鐘形曲線的函數式，揭開這個祕密的是法國數學家拉普拉斯（Pierre Laplace，1749 ～ 1827）和德國數學家高斯。

　　鐘形曲線也被稱為正態分布曲線，或高斯曲線，是機率與統計學分支最重要的曲線之一。

十七、

茹科夫斯基與展翅藍天

古往今來，多少人曾經幻想過能夠插上翅膀，像雄鷹那樣搏擊長空，自由翱翔！然而，真正使夢想變成現實的，還是 20 世紀的事。

　　1903 年，美國俄亥俄州代頓市的兩位腳踏車修理工，威爾伯‧萊特（Wilbur Wright）和奧維爾‧萊特（Orville Wright）兩兄弟，在極其困難的條件下，自製了一架「飛行號」動力飛機。這年 12 月 17 日上午 10 點 35 分，奧維爾‧萊特駕駛自己的「飛行號」，離開地面，在空中飛行了 12 秒，飛行距離 120 英尺。這次具有歷史意義的飛行，宣告人類開始進入展翅藍天的時代！

　　今天，大型的運輸機已能把數十噸，甚至上百噸的物品送上藍天，飛行的速度最快可達音速的幾倍；飛行高度可高達幾萬公尺；而且還能中途不著陸，航行於世界的任何兩地。那麼，是什麼神奇的力量幫助人類實現展翅藍天呢？這是一個有趣而又令人困惑的問題。

　　大家都知道，鳥之所以會飛，全因為有一雙強而有力的翅膀。翅膀拍擊空氣，產生了向上升起的力。而自然界中有些植物的種子，則完全是另一種類別。它們有著比人類滑翔機還要完善的「滑翔裝置」。圖 17.1 是槭樹的翅果，在風力的作用下，它能帶著比本身重許多的物體一起升上去！

圖 17.1

　　讀者中肯定有不少人玩過一種叫「竹蜻蜓」的玩具。這是一葉削成螺旋槳似的竹片，兩翼截面形狀一邊厚一邊薄，中間固定著一根約 10 公分長的小棍子。玩的時候把小棍子夾在雙手的手心，用力地搓動，使上面連著的竹片跟著急速旋轉。然後猛然放手，於是出現了奇蹟：「竹蜻蜓」騰空而起，越升越高，直至最後轉動變慢，旋即失去平衡落地！

　　「竹蜻蜓」能夠升往空中，是因為當那螺旋槳似的翅翼轉動時，會產生一種升力，把自身舉到上空。這種神奇升力的形成，完全是由於「竹蜻蜓」翅翼的斷面不對稱的緣故。圖 17.2 是「竹蜻蜓」一個翼的斷面。當翅翼轉動時，氣流同時流經翼面的上方和下方。流經下翼面的氣流，前後速度沒有改變，而流經上翼面的氣流，則由於隆起部分，使氣體的通路相對變窄，因而氣流速度相應變大。根據流體運動的白努利原理，速度大的相對壓力小，速度小的相對壓力大。也就是說，下翼面受到的壓力，大於上翼面受到的壓力，這上下翼面的壓力差，正是「竹蜻蜓」升力的由來。

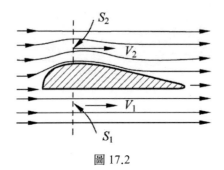

圖 17.2

不過，運動的翼在受到升力的同時，也受到空氣的阻力。阻力的大小與翼型息息相關！以下這個極為有趣的實驗，可以幫助讀者更深刻地理解這一點。

人們可以輕而易舉地把面前燈燭的火焰，吹得飄向前方，甚至把它吹滅。但並不是所有人都能把它的火焰吹向自己！說不定這會讓你感到難以置信，但事實上這是完全有可能的。圖 17.3 將告訴你如何達到這個目的。實驗方法是，在嘴巴與燈燭間放一張方形的卡片。實驗結果是，你越用力吹氣，火焰越飄向你！讀者不信的話，可以試試！

圖 17.3

上述實驗顯示，方形卡片不僅阻礙了正向氣流的運動，還會產生一股反向的制動力。如果實驗中，我們在嘴巴和燈燭之間放的不是方形卡片，而是像魚類形體那樣的流線型物體，那麼空氣將會像沒有受到阻礙似地向前流動。圖 17.4 是另一個實驗，中間是用紙張做成的、近似流線型的阻礙體，鈍的一頭朝向你。現在任你怎麼吹氣，火焰只會乖乖地向前飄去！

圖 17.4

　　以下我們回到原本的課題。讀者已經看到，人類要實現展翅藍天的願望，首先需要一個良好的機翼。而一個良好的機翼至少要滿足兩點要求：一是必須能產生足夠的升力，二是具有流線型的外體。然而，怎樣才能做到這一切呢？在通往藍天的征途上，人類不能不感謝「俄羅斯航空之父」茹科夫斯基創下的不朽功績！

尼古拉‧茹科夫斯基（Nikolay Zhukovsky，1847 ～ 1921）早年畢業於莫斯科大學應用數學系。他知識淵博，多才多藝，在航空方面具有很深的造詣。

在茹科夫斯基時代，滑翔機實驗剛剛起步，一切全憑在實踐中摸索，當時許多科學家都認為，飛行只能從一次又一次的失敗中去謀求真理！

茹科夫斯基則認為，必須建立一種飛行理論。他致力於氣體繞流的研究，孜孜不倦地探索了幾十年，終於在 1906 年，成功地解決了空氣動力學的主要課題，創立了機翼升力原理，找到了設計優良翼型的方法。他匠心獨運，引進了一個以複數（$z = x + yi$）為自變數的函數（圖 17.5）

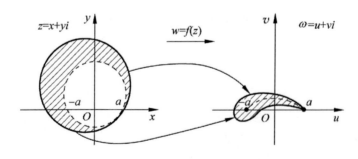

圖 17.5

$$\omega = f(z) = \frac{1}{2}\left(z + \frac{a^2}{z}\right)$$

這個函數可以把 z 平面的一個圖形，變換為 w（$\omega = u + vi$）平面的另一個圖形。茹科夫斯基證明：z 平面上，與過 a、$-a$ 圓相切的圓，透過變換 $\omega = \frac{1}{2}\left(z + \frac{a^2}{z}\right)$，將變為 w 平面上的飛機翼型截面。這個證明為設計各種優良的翼型提供了數據，避免了實踐上的盲目性！

　　茹科夫斯基一生成果極多，早在 1890 ～ 1891 年發表的〈關於飛行理論〉等論文，便預言了在飛行中翻筋斗的可能性。1906 年，正當茹科夫斯基的奠基性論文發表之際，他的預言實現了！一位俄羅斯陸軍中尉聶斯切洛夫，完成了世界上第一次空中「翻筋斗」的特技表演。

　　1921 年，為表彰茹科夫斯基對航空事業的巨大功績，列寧釋出命令，尊稱他為「俄羅斯航空之父」！

十八、

波浪的數學

在文學家的筆下，對於循環模式的描述，往往是很精妙的。哪怕是一些最簡單的故事，也會讓人讚不絕口！

有一個故事：從前有座山，山上有座廟，廟裡有一個老和尚和一個小和尚。有一天，老和尚對小和尚說：「從前有座山，山上有座廟，廟裡有一個老和尚和一個小和尚。有一天……」無須再寫下去，我想讀者都知道如何繼續這個故事。

另一個循環的故事，講述了一滴水的奇遇：一滴水在大海裡自由自在地歡唱，終於有一天，它在陽光的照耀下變得飄飄然起來，並化為一縷水蒸氣，扶搖直上蔚藍的天空。在那裡它會合了千千萬萬與它一樣的水蒸氣，整合成一朵雲。雲朵隨風飄蕩，跨越了山川、湖澤，飄到陸地的上空。正當它陶醉於自由的旅程之際，迎面來了一股冷空氣，冷得它趕忙凝聚在一些飄浮的塵埃上，變成雨滴回到地面。小雨滴在地面上手拉著手，歡呼跳躍著匯集到小溪，從小溪又叮咚地湧向大河，在大河裡結成浩浩蕩蕩的隊伍，奔騰咆哮著衝進了大海。它，一滴水，又重新在大海裡自由自在地歡唱！

一滴水的故事，過去已經這麼循環了幾億年，今後應該還會這樣循環下去，一萬年，一億年，永不休止！

還有一則故事，嚴格來說，未必算是循環：在一座巨大糧食倉庫的旁邊，生存著一個龐大的螞蟻家族。一天，一隻

螞蟻終於發現倉庫中儲存著豐富的食物，於是便馱了一粒米，急匆匆地趕回窩去。路上遇到另一隻螞蟻，告知如此這般。於是第二隻螞蟻也趕到倉庫，馱了一粒米，急匆匆地回窩去。後來牠們又把訊息告訴第 3 隻螞蟻，第 3 隻螞蟻也去馱了一粒米，急匆匆地回窩去，第 4 隻螞蟻，第 5 隻螞蟻，第 6 隻螞蟻……如此等等，一支不可盡數的螞蟻隊伍，急匆匆地趕往倉庫，又一行馱著米粒，急匆匆地返回蟻窩……

數學家對文學家這種花樣的循環描述是不屑一顧的！在他們眼裡，所有出現的事件 y，都是時間 x 的函數

$$y = f(x)$$

而循環模式則表示對於變數 x 的任何值，存在一個常數 T，使得

$$f(x + T) = f(x)$$

這裡的 T 稱為週期。上式顯示，同樣的事件，在經歷了一個週期之後，又回到了原先的狀態，周而復始，如此而已，如圖 18.1 所示。

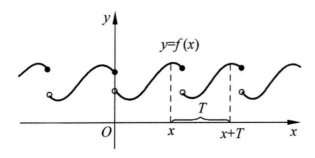

圖 18.1

　　拿一張紙，把它捲到一根蠟燭上，然後用刀斜著把它切斷，再把捲起的紙展開，那麼你將會看到一個波浪形曲線的截口。讓我們看看這是怎樣的一條曲線。

　　如圖 18.2 所示，設圓柱體為蠟燭的一段，底半徑為 R，截口中心為 S，過 S 作垂直於圓柱軸線的截面，與原截口曲線交於兩點。取其中一點 O 為原點，在過 O 且與圓柱相切的平面內，建立直角座標系 xOy，使 Oy 為圓柱的一條母線。顯然 Ox 切於圓 S。

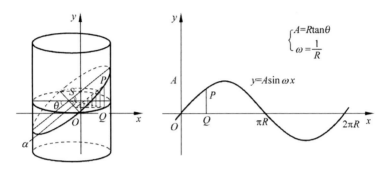

圖 18.2

設想捲在圓柱上且已被切斷的紙是慢慢展開的。令 P 為截口曲線上一點，Q 是它在圓 S 上的投影，又展開角 $\angle OSQ = \alpha$，則

$$\begin{cases} x = \overset{\frown}{OQ} = \alpha R \\ y = PQ = (R \sin\alpha)\tan\theta \end{cases}$$

式中 θ 為斜截面與圓 S 平面的夾角，為一常數。

把上述變數 y 表示為變數 x 的函數，即得

$$y = (R\tan\theta)\sin\left(\frac{1}{R}x\right)$$

令 $A = R\tan\theta, \omega = \frac{1}{R}$，立得

$$y = A\sin\omega x$$

　　原來得到的是振幅為 A，頻率為 ω 的正弦曲線！容易明白，當紙張從 O 開始，展開一圈又回到 O 時，完成了一個循環，這個循環的週期 T，恰等於圓 S 的周長，即

$$T = 2\pi R = \frac{2\pi}{\omega}$$

後一個式子對求一般正弦函數的週期是很有用的。

　　自然界裡正弦曲線是很多的。往水池裡扔一塊石頭，便會看到圓形的水波逐漸向四周擴展；拿一根長繩，抓住其中一頭上下振動，你會看到一個個波浪傳向前方，即使振動的那一頭已經停止動作，已經形成的波形仍會繼續傳向遠處！讀者很容易用自己的實驗來證實上面的結果。

　　在舞蹈中有一種彩帶舞，表演者手持絲帶的一端，不停地抖動，伴隨著婆娑起舞，但見絲帶宛如一條旋飛的彩龍，一圈圈波浪起伏，真是千姿百態，美不勝收！

　　在數學家眼裡，上面這一系列現象稱為波的傳送。數學家們運用自己的智慧，巧妙地把這種運動用函數表示出來！

　　圖 18.3 是一個弦振動的例子。弦起初靜止，$t = 0$ 時，給它一個初始位移。令初始位移函數為 $f(x)$，圖中

$$f(x) = \begin{cases} 1 - |x|, & |x| \leqslant 1 \\ 0, & |x| > 1 \end{cases}$$

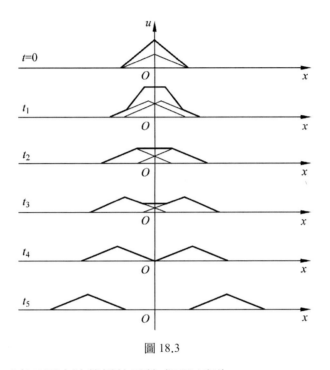

圖 18.3

而表示圖中波傳播的函數式可以寫為

$$u(x,t) = \frac{1}{2}\left[f(x+vt) + f(x-vt)\right]$$

式中 v 是波的傳播速度。

不過，要指出的是，大多數的波未必就是正弦波。例如聲波就常常具有令人難以置信的複雜波形。

　　1822 年，法國數學家傅立葉（Jean Fourier，1768 ～ 1830）證明了任何曲線都可以由正弦曲線疊加而成，他甚至找到了構成疊加的方法。傅立葉的出色工作，使一門近代數學的分支，以他的名字而命名！

　　圖 18.4 的粗線是一條相當複雜的曲線，從圖中可以看出，它是由 3 條振幅相同的簡單正弦曲線疊加而成。

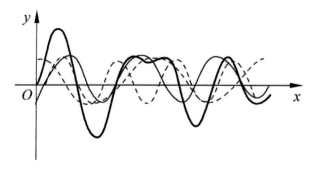

圖 18.4

十九、

對稱的啟示

這是一個饒有趣味的遊戲。

拿一副抽掉大小王的撲克牌，洗好後，請你的兩名觀眾，每人隨意抽出一張牌並藏好。然後你對剩下的牌，當眾做一番令人眼花撩亂的「處理」，爾後一舉猜出了那兩名觀眾抽出牌的點數。我想觀眾一定會對你的神奇猜牌本領大感驚奇。其實道理也很簡單！不過，想徹底弄清楚其間的奧妙，還得先從「對偶」牌說起。

把 A 看成 1 點，K、Q、J 分別看成 13、12、11 點，於是，所有的牌，按點數可歸屬為以下這幾種：A、2、3、4、5、6、7、8、9、10、J、Q、K。

這 13 種不同點數的牌，於點數 7 成對稱狀態，與 7 等距離的兩張牌，其點數和均為 14。我們稱這樣的一組牌互為「對偶」。撲克牌中共有 7 組對偶牌：

$(A，K)，(2，Q)，(3，J)，(4，10)(5，9)，(6，8)，(7，7)$

現在回到原先的遊戲上來。關鍵的一步是對手上的牌進行「處理」：依次往桌面上分牌，點數一律亮在外面。當你見到桌面有兩張「對偶」牌時，馬上用手上兩張還沒有分的牌，把對偶牌壓掉，新分的牌點數依然亮在外面。如此這般，直至所有牌分光為止。上述的「處理」手法，初學者可能會稍慢一些，但當眼和手配合熟練之後，分牌之快可以讓

人目不暇接！當人們驚嘆於那運牌如飛的情景時，是不會去追問怎麼分牌的，你的成功是可以預測到的！

遊戲的最後一道程序是收牌，把桌面上點數成對偶的牌，整疊收起來，剩下的牌的對偶牌，一定在觀眾手中。只有一種例外，即桌面上的牌已全被收起，這顯示兩名觀眾手中的牌本身成對偶，此時你可以告訴他們，他們手上的牌點加起來等於 14。我想即使這樣，你的成功也會引起轟動的！

上述遊戲的原理，簡單到不能再簡單，只是觀眾暫時不知道而已！實際上遊戲所用的只是對稱的手法，這種方法淵源已久，少說也有幾千年！當人們第一次進行梯形面積計算時，所用的就是這種方法。200 多年前，時年 9 歲的德國數學家高斯，曾利用同樣的方法，當場回答出

$$1 + 2 + 3 + 4 + \cdots + 97 + 98 + 99 + 100 = 5050$$

他的老師為此驚嘆不已！就是這個高斯，以其特有的關於對稱的思考，竟於年僅 19 歲之際，一舉推翻了兩千年來人們關於「邊數大於 5 的質數的正多邊形，不可能用尺規作出」的猜想，切切實實地找到了正十七邊形的作法。表 19.1 列出了邊數 n 不超過 100，而能用尺規作圖的正多邊形種類，總共有 24 個。

表 19.1 尺規作圖的正多邊形

邊數為 n 的形式	能用尺規作的正 n 邊形
2^m	$4,8,16,32,64$
$2^{2^k}+1$	$3,5,17$
$2^m P_1 P_2 \cdots P_i$ $(P_i = 2^{2^{k_i}}+1)$	$6,12,24,48,96$ $10,20,40,80$ $34,68$ $15,30,60$ 51 85

圖形的對稱，表現為數學的以下式子（圖 19.1）：

$$\mathrm{I} : f+(-x) = f+(x)$$
$$\mathit{II} : f(-x) = -f(x)$$

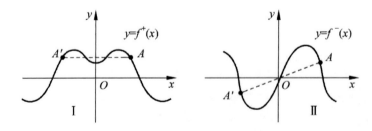

圖 19.1

　　滿足 I 式的函數 $y = f+(x)$，稱為偶函數，它的圖像 Oy 軸對稱；滿足 II 式的函數 $y = f(x)$ 稱為奇函數，它的圖像原點對稱。

古往今來，人類對對稱有特殊的偏愛。今天的世界，能夠如此美妙和諧、千姿百態，大概與對稱的融入是分不開的。事實上，任何一個圖形都可以看成是一個軸對稱圖形和一個中心對稱圖形的疊合！這個在幾何上似乎很難，又有點神奇的定理，在代數上證明卻頗為容易。上述命題的代數語言表述是：任何一個 x 的函數 $f(x)$，都可以表示為一個偶函數 $f+(x)$ 和一個奇函數 $f(x)$ 的和，即

$$f(x) = f+(x) + f(x)$$

因為

$$\begin{cases} f^+(-x) = f^+(x) \\ f^-(-x) = -f^-(x) \end{cases}$$

所以

$$f(-x) = f+(-x) + f(-x) = f+(x) - f(x)$$

從而

$$\begin{cases} f^{+}(x) = \dfrac{1}{2}\big[f(x) + f(-x)\big] \\[3mm] f^{-}(x) = \dfrac{1}{2}\big[f(x) - f(-x)\big] \end{cases}$$

圖 19.2 中，粗實線所代表的函數 $f(x)$，是由虛線所代表的奇函數和細實線所代表的偶函數相加而得。

14 世紀法國哲學家布列坦曾經說過一個有趣的故事：一隻飢腸轆轆的驢子，來到兩束乾草的中央，由於這兩束乾草完全一樣，並處於驢子兩側如此對稱的位置。驢子竟無法斷定該先吃哪一束草，最終餓死！

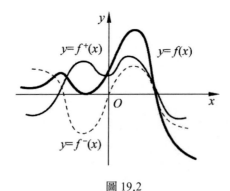

圖 19.2

這個寓言告訴我們，對於對稱圖形，對稱中心或對稱軸處於一個十分特殊的位置。這種位置在解題中往往產生關鍵的作用。

以下是一道精彩的智力思考題。

A、B 是兩根形狀和質量都一樣的鐵條，其中有一根帶有磁性。如果不用這兩根鐵條以外的東西，如何才能辨別出哪根是磁鐵？

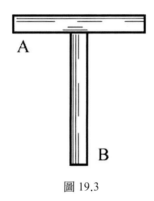

圖 19.3

圖 19.3 中，將兩根鐵條擺成 T 字形。這種對稱的放置，實際上已經給出了答案。接下去的判定就留給讀者了！

對稱的啟示，常常產生意想不到的效果。請看下面一例。

某商店的天平壞了，商店負責人決定不再零售散裝糖。不巧此時來了一位顧客，急需 1 公斤糖，銷售人員於是把 1 公斤糖分成兩份來秤。第一次天平的右盤放 500 克砝碼，左盤放糖，取平衡，秤得糖 W_1 克；第二次右盤放糖，左盤放 500 克砝碼，也取平衡，秤得糖 W_2 克。銷售人員想，天平

已經不準確了，它的左右臂長不相等，這樣兩次秤出的糖一定有一次比 500 克多一些，而另一次則少一些，兩次加在一起，取多補少，大概會是 1 公斤吧！於是，他向顧客收了 1 公斤糖的錢。

話說那位顧客可是個喜歡動腦筋的人，當他看到銷售人員的動作，心裡便明白了三分，思考片刻後他說話了，他說銷售人員少收了錢，這些糖不止 1 公斤！親愛的讀者，你知道這位誠實的顧客是如何作出判斷的嗎？

原來他是根據槓桿原理，由兩次秤量得出兩個對稱的關係式（圖 19.4）：

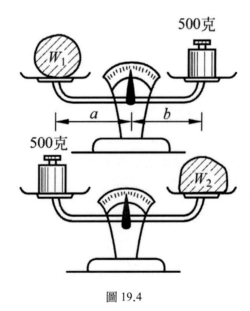

圖 19.4

$$\begin{cases} W_1 a = 500b \\ W_2 b = 500a \end{cases}$$

於是

$$W_1 + W_2 = 500 \left(\frac{b}{a} + \frac{a}{b} \right)$$

$$\geqslant 500 \times 2 \sqrt{\frac{b}{a} \cdot \frac{a}{b}}$$

$$= 1000$$

因為

$$a \neq b$$

所以

$$W_1 + W_2 > 1000$$

不過，讀者如果肯動腦筋，還能找到更聰明的方法。

有一種叫「替換法」。即先取 W_0 克糖與 1,000 克砝碼取平衡；

然後取下砝碼，換上 W 克糖，也與 W_0 取平衡，那麼很顯然有 $W = 1000$（克），這種方法既快又準確，愛多少克就可以有多少克！

　　另一種可以準確秤量出糖質量 W 的方法，是把 W 克糖放在右盤秤出質量為 P 克，再把 W 克糖放在左盤又秤出質量為 Q 克。由於天平不準確，所以 P、Q 的值顯然都不等於 W。然而，我們卻可以準確地得出

$$W = \sqrt{PQ}$$

　　證明並不難，就留給喜歡思索的讀者自行練習吧！

二十、

選優縱橫談

選優，顧名思義，是要從眾多的可能中選出較優者。在數學中大概沒有第二個課題能比選優更富有時代的氣息。一部選優學的歷史，與數學發展史之間有著千絲萬縷的關係。

早在兩千多年前幾何學發達的古希臘，人們就知道用圖形的對稱性質，去解決諸如「在河岸上取一點 C，使它到 A、B 兩村路程之和最短」等這類最簡單的選優問題。圖 20.1 是解題示意，圖中 A' 是 A 點關於河岸 EF 的軸對稱點。

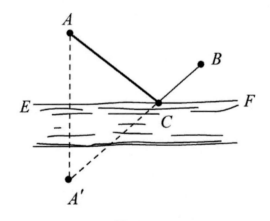

圖 20.1

極值是最重要的一種變數中的常數。在極值的探求中，幾何的方法常常顯得精巧無比。下面的「雕像問題」是德國數學家米勒（Joannes Miller，1436～1476）於 1471 年提出的：

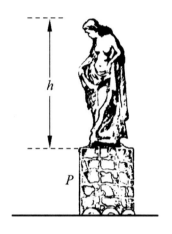

圖 20.2

「假定有一個雕像，高 h 英尺，立在一個高 P 英尺的底座上（圖 20.2）。一個人注視著這尊雕像朝它走去，這個人的水平視線離地 e 英尺。問這個人應站在離雕像基底多遠的地方，才能讓雕像看起來最大？」

這個問題由另一個數學家 A. 洛西（A. Lorsch）用幾何的方法解決了。圖 20.3 的虛線圓，顯示了洛西的巧妙思路。該問題的實質是，在水平視線 EF 上，求視角取最大值的點 M。圖中的虛線圓過雕像的頂部 A 和底部 B，且與水平視線 EF 相切。顯然，切點就是所求的點 M！這是由於 EF 上的其他點，都位於虛線圓的外部，因而它們對雕像的視角，只會比 M 點小。

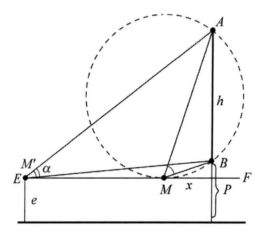

圖 20.3

　　隨著代數學的發展，不等式求極值的方法使用得更加普遍。例如在〈十一、變數中的常數〉中講到的不等式

$$\frac{a+b+c}{3} \geq \sqrt[3]{abc} \quad (a,b,c>0)$$

顯示邊長總和或表面積一定的長方體，僅當它是正方體時體積最大。然而，這個不等式的作用遠不止於此，我們還可以巧妙地應用它解許多實際問題。而這些問題的結論，也遠不是人人都很清楚的！

　　以下是一個精彩的例子（圖 20.4）：體積為 V 的圓柱體，它的高 h 和底半徑 r 應當採用怎樣的比，才能讓表面積 S 最小？

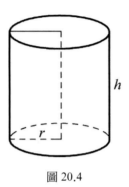

圖 20.4

易知

$$\begin{cases} S=2\pi r^2+2\pi rh \\ v=\pi r^2 h \end{cases}$$

從而

$$S=2\pi r^2+\frac{2v}{r}$$

$$=2\pi r^2+\frac{v}{r}+\frac{v}{r}$$

$$\geqslant 3 \cdot \sqrt[3]{2\pi r^2 \cdot \frac{v}{r} \cdot \frac{v}{r}}=3\sqrt[3]{2\pi v^2}$$

上式顯示，當 $2\pi r^2 = \dfrac{v}{r}$ 時，S 取值最小，由此可知

$$v = 2\pi r^3$$

$$h = \frac{v}{\pi r^2} = \frac{2\pi r^3}{\pi r^2} = 2r$$

也就是說，體積一定的圓柱體，當高與底直徑相等時，有最小的表面積。這也是為什麼今天市場上的有蓋罐子總是設計成高與口徑相等的道理。讀者還可以用相同的方法證明：無蓋罐子最節省材料的形狀應當是「罐子的高等於口徑大小的 1/2」。

笛卡兒直角座標系的建立，使形數結合更加緊密。由牛頓和萊布尼茲創立的微積分學，為求函數的極值提供了一整套完整的演算法。數學家輩出的 17 世紀，選優學在應用方面呈現出生機勃勃的景象！

客觀現實中變化的量常常存在某種關聯，這些關聯，在數學上表現為等式約束

$$F_i = 0 \quad (i = 1 , 2 , \cdots\cdots , k)$$

對於附加了若干約束條件的選優問題，約瑟夫·拉格朗日（Joseph Lagrange，1736 ～ 1813）提出了著名的「拉格

朗日乘數法」，即引進 k 個參量 λ_i，把在 $F_i = 0$ 約束下對 F 的條件選優問題，化為求

$$\phi = F + \lambda_1 F_1 + \lambda_2 F_2 + \cdots + \lambda_k F_k$$

的無條件選優問題。這項簡單卻極有意義的工作，顯示了這位數學大師的天才和智慧！

隨著科學的發展，以函數為變數的選優問題日益突顯。這些問題中，最古老和最有代表性的有 3 個：最短距離問題、最速降落問題和等周問題。這些古老而富有趣味的問題，經天才數學家尤拉等人富有創造性的工作，昇華為一門瑰麗的數學分支 —— 變分法。

近代電子電腦的出現和使用，讓原本並不引人注目的一次函數選優問題，又重新得以重視和發展。

一次函數選優問題的提法是：未知數 x_i 滿足不等式組

$$\begin{cases} a_{11}x_1 + a_{12}x_2 + \cdots + a_{1k}x_k + b_1 \geqslant 0 \\ a_{21}x_1 + a_{22}x_2 + \cdots + a_{2k}x_k + b_2 \geqslant 0 \\ \vdots \\ a_{n1}x_1 + a_{n2}x_2 + \cdots + a_{nk}x_k + b_n \geqslant 0 \end{cases}$$

試求一次函數 $y = \sum_{j=1}^{k} c_j x_j + d$ 的最大值和最小值。

解決這類問題的一般方法是單體演算法。其基本思路可以透過圖 20.5 加以介紹。不等式組相當於把未知量的取值限制在區域 Ω 內，而一次函數 $y = \sum_{j=1}^{k} c_j x_j + d$ 對不同的 y 值是一組相互平行的「直線」，從而優值將在區域 Ω 的角點（頂點）上取得。

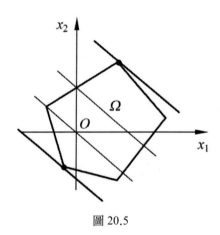

圖 20.5

由於實踐中提出類似上述的線性規劃問題都帶有特殊性，因此人們已經總結出許多諸如物資調運、合理裝車等切實可行的好方法，使古老的一次函數選優問題，得以重新展露光輝！

自然科學其他分支的研究常常給選優學提示。例如前面我們講到的，蜂窩的底是由 3 個具有 70° 32′ 的菱形拼接而成，它啟示我們這樣的結構是最合乎經濟原則的。在深水中

橫放一根半徑為 a 的圓柱,探索水的繞流導致了對茹科夫斯基函數

$$\omega = f(z) = \frac{1}{2}\left(z + \frac{a^2}{z}\right) \quad (z\text{為複數})$$

的研究,這個函數為各種優良機翼提供了原型。

有時用力學上的模擬方法可以比數學方法更容易得到結果。例如應用橡皮筋拉力,可以輕而易舉地找出主要矛盾線,從而解決了統籌方法中的重要課題。著名的三村建立小學問題,可以如圖 20.6 所示,在平面上用 3 個點模擬三村,用重物 P 模擬各村的學生數,並用細線通過滑輪,連線於 Q 點,則平衡後 Q 點的位置,就是建立小學的最好地點。可以證明,這時各村學生到校的總里程數最短。

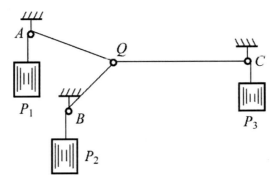

圖 20.6

迄今為止我們講述的都是必然性問題，實際上更多情況我們甚至連變數間的依賴關係都不知道。為了探求它們之間的相互關係，我們常用 n 次曲線

$$y = a_0 + a_1x + a_2x^2 + \ldots\ldots + a_nx^n$$

去擬合 m 組試驗數據 $(x_i，y_i)$（$i = 1，2，\ldots\ldots，m$），而反過來把這 m 組數據看成是對曲線的隨機誤差。自然，這種擬合要求

$$f = \sum_{i=1}^{m} (y(x_i) - y_i)^2$$

取最小值。根據上述要求，求出 $n + 1$ 個待定係數 a_i，從而得出最優的 n 次擬合曲線，這就是在〈十五、科學的取值方法〉中講到的最小平方法的基本內容，如圖 20.7 所示。

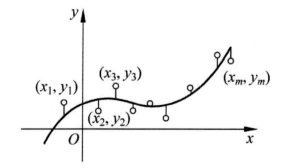

圖 20.7

因為統計方法是基於大數定律，從而得到的結果不是絕對的把握，以下蒙地卡羅（Monte-Carlo）方法便是一個極典型的例子。這個方法的要點是把試驗區域 Ω 抽成 m 個等積的小方塊，如果我們希望找到一個小方塊（圖 20.8），其中心試驗值優於全部 m 塊中的 n 塊，那麼只要隨機抽取 m 塊中的 r 塊，並在每個方塊的中心做試驗，而後取其中最好的一個結果就可以了。

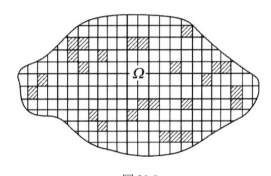

圖 20.8

　　事實上，從 m 中隨機抽 r 個，其中有一個優於 n 的可能性為

$$p = 1 - \left(\frac{n}{m}\right)^r$$

　　當 r 增大時，p 很接近於 1，即這種選優方案是十拿九穩的。

　　最後還要提到另一類有趣的選優問題。這類問題有別於前述種種問題的特點，在於它不單是選取或比較某些量，而是在某些量的極小中去選取極大，或從極大中去選取極小。這是博弈論的課題。其基本思想用形象的語言來表達，可以說成是 —— 盡最大的努力，做最壞的打算。因為哪怕介紹一下像齊王賽馬那樣簡單的例子，也要花費很大的篇幅，因此我們這裡不再進一步講述它。

二十一、

關於捷徑的迷惑

地理老師問一位學生：「請指出從臺北到屏東距離最短的路。」學生看了看擺在講臺上的地球儀，從容答道：

「是一條挖通臺北與屏東的直線隧道。」

眾皆譁然！

其實，從理論上來說，這位學生說的並沒有錯。那是根據平面幾何裡的一條公理 —— 兩點之間線段最短。不過，生活在地球上的人類，習慣把自身的活動，限制在這個星球的表面予以考量。這樣，在臺北與屏東之間的最短路程，很自然被理解為過臺北和屏東之間的一段大圓的弧。

球面上過兩點的大圓的弧，可用以下方法直觀地顯示出來：在地球儀上拉緊過兩點的一條細線，這條細線即可被當作大圓的弧。

上面的故事是人為杜撰的，還是真有其事呢？現在已無從得知。不過，抱有上述想法的，歷史上可不乏其人！

20 世紀初，列寧格勒（現稱聖彼得堡）出現過一本書名很怪的書，叫《聖彼得堡和莫斯科之間的自動地下鐵道，一本只完成前三章，未完待續的幻想小說》。作者在書中提出一個驚人的內容：在俄國新舊兩個首都之間，挖一條 600 公里的隧道。這條筆直的地下通路，把俄國的兩大城市連線起來。這樣，「人類便第一次有可能在筆直的道路上行走，而不必像過去那樣走彎曲的路！」作者的意思是，過去的道路

都是沿著彎曲的地球表面修築的，所以都是弧形。而他設計的隧道卻是筆直的！

不過作者寫書的主要意圖，不在於考量兩點之間線段最短。而是這樣的隧道若能挖成，則會有一種奇異的現象 —— 任何車輛能像單擺一樣，在兩個城市間來回移動。開頭速度很慢，後來由於重力的作用，車速越來越快；接近隧道中點的地方，達到難以置信的高速，而後逐漸減速，靠慣性行進到另外一頭。如果摩擦力可以忽略不計，走完全程只需 42 分 12 秒！

光沿短程線前進的性質，這是物理學家早就注意到的。如圖 21.1 所示，由 A 點射出的光線，透過 l 上的點 C 反射到點 B，則由入射角等於反射角推知，C 點即線段 A'B 與 l 的交點。這裡 A' 是 A 關於直線 l 的對稱點。容易證明，對於 l 上的另一點 C'，必有

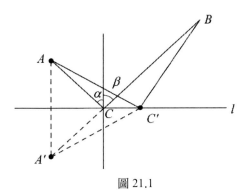

圖 21.1

$$AC' + C'B > AC + CB$$

事實上

$$AC + CB = A'C + CB = A'B < A'C' + C'B = AC' + C'B$$

結論是很明顯的！這顯示光所走的折線 *ACB*，是從 *A* 經 *l* 到 *B* 最短的路線。

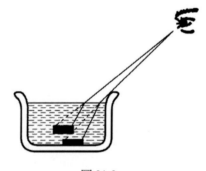

圖 21.2

不過嚴格來說，光所走的是一條捷徑，即走完全程所用的時間最短。圖 21.2 所示的情景，想必許多讀者都見過。本來看不見的東西，在水中變成看得見了！光線產生這種折射的原因，是因為光在空氣中和水中速度不相同。造成光沿一條折線走，比光沿一條直線走所花的時間更少！

建議讀者親手做一做以下的試驗（圖 21.3）。

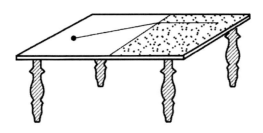

圖 21.3

　　在光滑桌面的另一半，鋪上一層薄薄的絨布。讓一顆鐵球由光滑面斜著滾向絨布。這時你會看到一種奇特的現象：鐵球在絨布的交界處突然折轉了方向，如同光線的折射一般！

　　上述現象發生的原因在於，鐵球在光滑桌面和絨布上行進的速度不相同。鐵球也像光線一樣，走的是一條捷徑！

　　以下是一個有趣的問題（圖 21.4）：

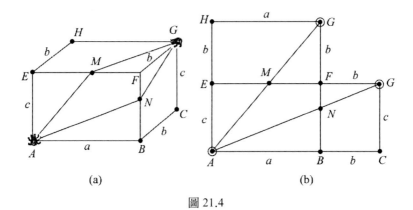

(a)　　　　　　　　　　(b)

圖 21.4

201

一隻蜘蛛在一塊長方體木塊的一個頂點 A 處，一隻蒼蠅在這個長方體的對角頂點 G 處，問蜘蛛要沿怎樣的路線爬行，才能最快抓到蒼蠅？

　　顯然，當把長方體〔圖 21.4（a）〕的上底面及右側面展開成如圖 21.4（b）的平面圖時，蜘蛛爬行的路必須是線段 AMG 或 ANG 中較短的一條。假設 $AB = a$，$BC = b$，$AE = c$，則由圖 21.4（b）知

$$AMG = \sqrt{(b + c)^2 + a^2} = \sqrt{a^2 + b^2 + c^2 + 2bc}$$

$$ANG = \sqrt{(a + b)^2 + c^2} = \sqrt{a^2 + b^2 + c^2 + 2ab}$$

　　當 $a>c$ 時，$ANG>AMG$，說明蜘蛛應當沿折線 AMG 爬行，才能最快抓到蒼蠅；反之，則必須沿折線 ANG 爬行！

　　另一個類似的有趣問題是：蒼蠅為了防止蜘蛛的襲擊，想爬過長方體所有的面（共 6 個）探查一下，並盡快返回原地。那麼蒼蠅至少要爬行多長的路？

　　這個問題的結論不太容易想到。從圖 21.5 中可以看出，蒼蠅爬行的路線應當是一條過 G 點而又平行於圖中虛線 A — A 的線段（為什麼？請讀者想一想）。容易算出，這條線段長為 $\sqrt{2}$ （$a + b + c$）。這個量與蒼蠅原先所在位置無關（為什麼？）。

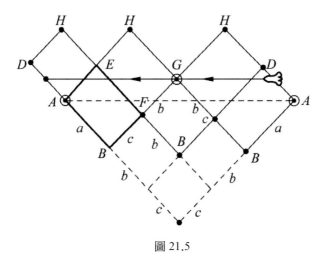

圖 21.5

　　很明顯，對於可以展成平面的曲面，曲面上的短程線問題，都可以用類似上面展開的方法加以解決。圖 21.6 的圓錐曲面就是一個例子。

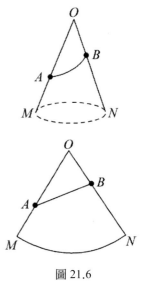

圖 21.6

　　然而，並非所有的曲面都能展開成平面。我們最常見的球面，其任何一小部分，都不可能毫無重疊或破裂地展成平面。這就是無論哪一種地圖，總不可避免地會產生變形的原因，沒有一點畸變的地圖根本不存在！這樣，當你翻開一張地圖細心觀察時，你便會發現一個有趣的現象，圖上畫的航線幾乎都是一條條弧線。這才是真正的球面短程線 —— 大圓弧線。而圖面上看起來是直的線，實際上只是保持與經線等角的斜航線。

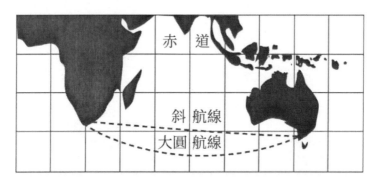

圖 21.7

　　圖 21.7 畫出了連線非洲好望角和澳洲南部墨爾本港之間的兩個航線。看起來似乎更長的大圓航線只有 5,450 海里，而看起來筆直的斜航線卻有 6,020 海里。斜航線竟比大圓航線長出 570 海里，相當於多了 1,050 公里，這是由於地圖的畸變，讓人造成了錯覺！

二十二、

從蒂朵女王的計策談起

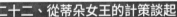
　　傳說泰雅王（Tyrian King）的女兒蒂朵從他身邊逃走之後，歷盡艱險終於抵達非洲海岸。在那裡她成了迦太基人的奠基者和傳說中的第一位女王。

　　蒂朵到非洲後的第一個計策是，向當地土著購買依傍海岸的一塊「不大於一張犍牛皮所能圍起來的」土地。她把犍牛皮割成又細又長的條子，又把這些長條連線成一根細長的繩子。現在，蒂朵面臨這樣的幾何問題：利用這條繩子及海岸線，怎樣才能圍出最大的土地？

　　蒂朵的問題顯然可以從海岸移到陸地上來。即由一根長度一定的繩子，怎樣才能圍出最大的面積？

　　事實上，假定海岸線 *l* 為直線，而長度為 *a* 的弧線 *AXB* 已經圍出最大的一塊面積（圖 22.1）。那麼，利用映像的方法，由弧 *AXB* 和它關於海岸 *l* 的軸對稱圖形 —— 弧線 *AX'B* —— 所組成的封閉圖形，也一定是用 2*a* 長的周界所能圍出的最大面積。

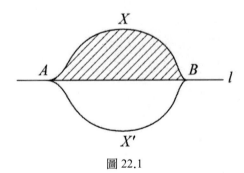

圖 22.1

那麼，在周長一定的圖形中，究竟怎樣的圖形才能包圍最大的面積呢？表 22.1 列出了周長為 4 公分的各種圖形的面積。

表 22.1 周長 4 公分的各圖形面積

等周圖形	相應面積（平方公分）
等腰直角三角形	0.6863
矩形（3：1）	0.7500
等邊三角形	0.7698
矩形（2：1）	0.8889
60°的圓扇形	0.9022
半圓	0.9507
矩形（3：2）	0.9600
1/4 圓	0.9856
正方形	1.0000
圓	1.2732

看了表 22.1，可能讀者已經猜到，周長一定中，面積最大的圖形是圓！事實果真如此！這大概也是自然界中圓的形狀普遍存在的原因。太陽、地球、月亮是圓形的；樹木是圓形的；荷葉上的水珠是圓形的；孩子們吹出的色彩斑斕的肥皂泡泡也是圓形的。在人工製品中，圓的形狀更是比比皆是。這些都因圓是「最經濟」的圖形：周長一定，面積最大；或面積一定，周長最短！

不過猜想畢竟不等於真理，從猜想到真理還需要嚴格的證明。

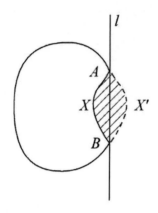

圖 22.2

　　事實上，無論是蒂朵問題或是等周問題，答案圖形不可能是凹的。因為倘若圖形中有一處是凹的，那麼便可以把凹的部分如圖 22.2 那樣翻轉出去，得到一個周長不變但面積增加的新圖形。

　　以下我們把討論限制於蒂朵問題，因為倘若能證明蒂朵問題的解答是半圓，那麼等周問題的解答就是一個整圓！

　　現在假定曲線弧 AXB 是蒂朵問題的答案，也就是說，由直線 l 與弧線 AXB 所圍成的圖形面積最大。令 P 為弧線 AXB 上任意一點，我們說 ∠APB 一定是直角。因為如果 ∠APB $= \alpha \neq 90°$，則我們可以把 AP、BP 連同它上面的一塊陰影圖形，如圖 22.3 從（a）到（b）那樣，張開成 90°。

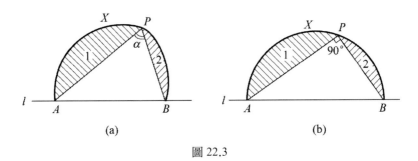

圖 22.3

前後兩個圖形的曲線弧長顯然沒有改變，但兩者的面積

$$
\begin{cases}
S_{(a)} = (S_1 + S_2) + \dfrac{1}{2}AP \cdot BP \cdot \sin\alpha \\[2mm]
S_{(b)} = (S_1 + S_2) + \dfrac{1}{2}AP \cdot BP
\end{cases}
$$

因為

$$\alpha \neq 90°$$

所以

$$S\,(\,a\,) < S\,(\,b\,)$$

這與圖 22.3（a）面積最大的假定矛盾，從而證明了曲線弧 AXB 上的點，立於線段 AB 上的角均為直角 —— 即證明弧 AXB 為半圓弧。這也就解決了蒂朵問題和等周問題。

中世紀義大利詩人但丁說過：「圓是最完整的圖形」。圓對人類最深刻的印象，莫過於圓周上的點到圓心的距離相等。車輪正是由於它等長的車輻，而使車軸處於一定的高度，從而得到一個平穩的水平運動。倘若車輪不是圓的，那麼車軸將會產生一種忽上忽下的運動。這種不規則的顛簸動盪，在上方的載重下，很容易造成輪軸與載重物之間的移位或解體。

圓的任意兩條平行切線之間距離都是相等的，都等於直徑。這讓我們可以如圖 22.4 那樣，把重物放在圓木棍上滾動，並平穩地行進！4,000 年前的古埃及人，大概就是使用這樣的方法，把一塊又一塊的巨石推到金字塔頂端的！人們虔誠地感謝大自然賜予圓這種「等寬度」特性。假如沒有圓，我們這個星球的文明，不知要往後推遲多少年！

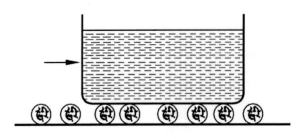

圖 22.4

然而令人驚訝的是，對完成滾動來說，棍的橫斷面未必要是圓的！對於這一點，大多數讀者可能難以置信，但這卻

是千真萬確的事實。圖 22.5 所示的曲邊三角形，就是最簡單的、具有「等寬度」性質的圖形：3 條曲邊是相等的圓弧，而每個圓弧的中心，恰是它所對角的頂點。顯然，這種曲邊三角形的 3 段弧，具有共同的半徑 r，而且整個曲邊三角形可以在邊長為 r 的正方形內，緊密自由地轉動。用這種圖形做斷面的滾輪，也能使載重物水平地移動，而不至於上下顛簸（圖 22.6）。這種具有奇特功能的曲邊三角形，是由工藝學家勒洛（Reuleaux）首先發現的，所以叫勒洛曲邊三角形。

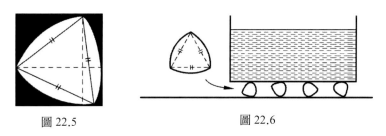

圖 22.5　　　　　　　　　　圖 22.6

利用勒洛曲邊三角形的原理，我們還可以構造出其他「等寬度」的曲線。構造關鍵在於，讓圓弧的中心是它所對角的角頂，從而畫出一組具有等半徑的圓弧。圖 22.7 就是這類型的「等寬度」曲線。

等寬度曲線還有其他種類，圖 22.8 是一種由 6 段圓弧連線而成的曲邊多邊形。它最明顯不同於勒洛三角形的地方，是周邊沒有尖點！

等寬度曲線最驚人的性質是巴比爾（Barbier）發現的：

有相同寬度 d 的等寬度曲線，具有相同的周長 πd。在這裡，我們不可能對巴比爾定理給出嚴格的證明，但讀者完全可以用已見過的等寬度曲線去驗證它！

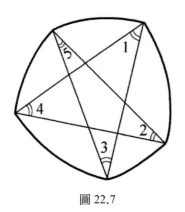

圖 22.7

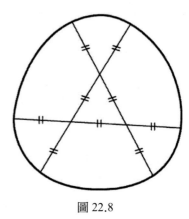

圖 22.8

二十三、

約翰・白努利的發現

在〈二十一、關於捷徑的迷惑〉中，我們曾經說過，捷徑與短程線並非總是一碼事。在那裡我們舉光的折射當例子。這似乎讓人造成誤解，以為只要周圍環境沒有改變，那麼沿短程線走，便是最節省時間的。其實，這是未必的！

以下的問題將使你的觀念為之一新。

如圖 23.1 所示，把不在同一鉛垂線上的兩點 A、B，用怎樣的一條曲線連接起來，才會使在重力作用下，當質點沿著它由 A 滑至 B 時，所用的時間最少？

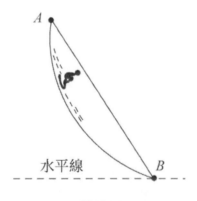

圖 23.1

在歷史上，上述「最速降落」問題謎底的揭開，曾經經歷了相當漫長的時間。

在 16 世紀以前，幾乎所有人都認為，沿連線 AB 的線段滑落費時最少。理由是在連線 A、B 的所有曲線中，線段 AB 最短。少走路，「自然」少花時間。天經地義，無可厚非！

到了 17 世紀初，義大利比薩城的那位智者，大名鼎鼎的伽利略（Galileo Galilei，1564～1642），也對「最速降落」問題進行了思考。伽利略覺得此事沒有那麼簡單！他認為最速降落曲線似乎應當是過 A、B 並與過 A 點鉛垂線相切的一段圓弧。他的理由是，質點開始是以接近自由落體的速度下滑的，雖然圓弧 $\overparen{AB}$ 比弦 AB 要長一些，但在下滑路程中，有很長一段路，質點是以很高的速度通過的。從總體上來說，這樣用的時間比沿直線 AB 下滑要更短些！

　　1696 年，瑞士數學家約翰‧白努利（Johann Bernoulli，1667～1748）呼籲數學家們重新研究這個問題。他認為伽利略雖然提出了正確的思路，但伽利略沒有講清楚下滑曲線是圓弧的道理。為此，約翰‧白努利和他的哥哥雅各布‧白努利，以及牛頓、洛必達等數學家，對此做了深刻的研究，終於發現連線 A、B 兩點的最速降落曲線，既非直線也非圓弧，而是一條圓擺線！

　　如圖 23.2 所示，當一枚錢幣在直線上滾動時，錢幣上的一個固定點 P，在空間劃出一條軌線，這條軌線便是圓擺線或稱旋輪線。

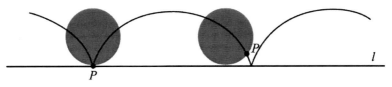

圖 23.2

設錢幣的半徑為 r，取其滾動所沿的直線為 x 軸，如圖 23.3 建立直角座標系 xOy。假定初始狀態時，錢幣上的固定點 P 與原點 O 重合。則當錢幣滾動 ϕ 角後，圓心滾動到 B 點，且圓與 X 軸相切於 A。作 $PQ \perp AB$，Q 為垂足。很明顯，弧 $\overset{\frown}{PA}$ 長等於 OA，從而 P 點的座標（x，y）滿足

$$\begin{cases} x = OA - PQ = r\phi - r\sin\phi \\ y = AB + QB = r - r\cos\phi \end{cases}$$

即

$$\begin{cases} x = r(\phi - \sin\phi) \\ y = r(1 - \cos\phi) \end{cases}$$

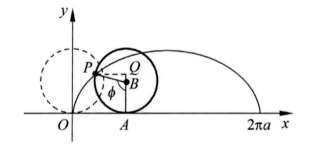

圖 23.3

這就是圓擺線的方程式，它是以引數形式給出的。擺線上點的座標都隨著旋角 ϕ 的變化而改變！

把上圖的圓擺線翻轉過來，使原先凸起的形狀變成一個凹槽。再把 P 點想像成是一個鐵球，沿凹槽滑落。這種滑落的情景，宛如一個看不見的生成圓上的點，沿著頂上的水平線勻速滾動一樣，如圖 23.4 所示。

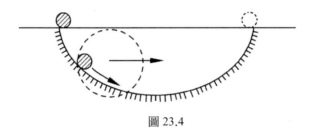

圖 23.4

現在，讓我們回到 300 多年前約翰‧白努利富有創造和想像力的答案上來。

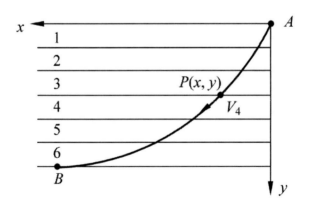

圖 23.5

217

　　如圖 23.5 所示，把質點下降的平面分成許多間隔很小的等距離層。質點下降時，從 A 開始逐一地穿過這些層到達 B。由於質點滑落到 P（x，y）處的動能，等於下落過程中勢能的減少，即

$$\frac{1}{2}mv^2 = mgy$$

從而

$$v = \sqrt{2gy}$$

　　上式顯示：此時此刻質點運動的速度只與它所在的層次有關。換句話說，圖 23.5 中的質點，在各個分層中有著各自不同的運動速度。

　　就這樣，約翰‧白努利靠著超人的天賦，立即聯想起光的折射：從 A 點發出的光線，經一層又一層的折射，到達 B。這條光線所走的路，肯定就是最速降落曲線！

　　好極了！一個艱深的問題，在一種巧妙的解析下，終於出人意料地迎刃而解！

　　接下來的工作，對數學家來說已經熟門熟路了！如圖 23.6 所示，假設光線在各層內的前進速度，恰等於質點在該層內的滑落速度，分別為 v_1，v_2，v_3，……；進入各層時的入射角分別為 α_1，α_2，α_3，……。

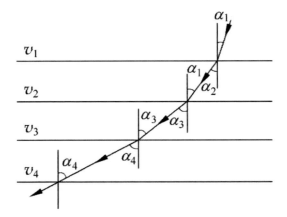

圖 23.6

由光的折射定律知

$$\frac{\sin\alpha_1}{v_1} = \frac{\sin\alpha_2}{v_2} = \frac{\sin\alpha_3}{v_3} = \cdots$$

當層數分得無限多時，以上式演化為

$$\frac{\sin\alpha}{v} = \textbf{常數}$$

注意到曲線的切線的傾斜角 β，與入射角 α 之間存在著互餘關係，從而

$$\sin\alpha = \cos\beta = \frac{1}{\sqrt{1+\tan^2\beta}}$$

219

因為

$$v = \sqrt{2gy}\ ;\ \tan\beta = \frac{\mathrm{d}y}{\mathrm{d}x}$$

所以

$$y \left[1 + \left(\frac{\mathrm{d}y}{\mathrm{d}x}\right)^2 \right] = 正常數$$

後一式子在數學上稱為微分方程式。由於這類方程式的解答，需要更多的數學知識，所以我們就不多說了！不過要告訴讀者的是，以上微分方程式的解，正是前面介紹的圓擺線。

擺線的種類極多，當 P 點在動圓外或動圓內時，可分別得到如圖 23.7 的長幅擺線（Ⅱ）和短幅擺線（Ⅰ）。

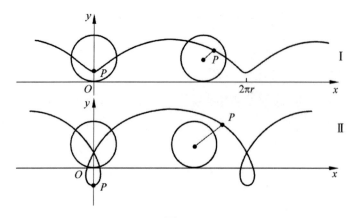

圖 23.7

有一道趣味問題，在飛速前進的火車車輪上可以找到向後運動的點。讀者可能對此感到奇怪，不過當你看過圖 23.8 之後，你就會相信這種情形是可能的：當火車的車輪向右滾動的時候，它凸出部分下端的 P 點，卻沿長幅擺線的軌跡向左方向（相反方向）移動。

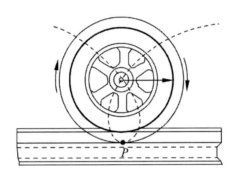

圖 23.8

如果動圓不是沿直線，而是沿定圓滾動時，也能得到形形色色的擺線，如圖 23.9 所示。所有這些擺線家族的成員，全都非常美觀！

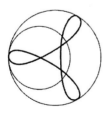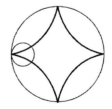

圖 23.9

二十四、

跨越思維局限的柵欄

人類的思維，自人降生伊始，便受周圍世界的影響。一些偏離正確的思維模式，透過日積月累，逐漸形成一道道思維局限的柵欄。

　　一個頗為典型的例子是：桌上放一個氣球，用手把它擊出桌外。許多人以為氣球將沿拋物線軌跡下落，其實這是不對的。讀者如果親自做一下實驗，就會發現結果出人意料！（答案：氣球在桌邊垂直降落）

　　人們習慣用過去理解現在，也習慣用現在想像將來。一些固有的思維模式，常常干擾人們的思考，形成無形的柵欄。

　　本書作者曾深深為以下的事件震驚過。

　　某校某年級有 4 個班。1、2 班為資優班；3、4 班為後段班。各班學生數依序是 50、60、50、40。甲、乙兩位教師各擔任兩個班的教學工作。甲教 1、3 班；乙教 2、4 班。一年之後，考試及格率如表 24.1 所示。

表 24.1 各班及格率

教師	資優班及格率	後段班及格率
甲	84％	42％
乙	80％	40％

　　校長看後大為惱火，把教師乙找來批評了一頓，要他找出及格率落後的原因。不料教師乙申辯說，該表揚的應該是

他！校長大感奇怪，拿出筆來認真算了一下，果真乙所教的學生及格率比甲所教的高，不多不少，高 1%，讀者不信可以算一算！

在一次應考學生多達 83 萬的國外數學競賽中，試題共 50 道，其中第 44 道是這樣的：

「一個正三角錐和一個正四角錐，所有的邊長都相等。問重合一個面後還有幾個面？」

標準答案註明為「7 個」。

一個叫丹尼爾的學生回答為 5 個，結果該題被判為錯誤而未能得到滿分。小丹尼爾感到委屈，找教授們說理。結果教授們堅持照標準答案給分。回家後，丹尼爾把自己的想法告訴了父親。當工程師的父親無法判斷丹尼爾有沒有錯，就動手做了兩個實實在在的模型Ⅰ和Ⅱ，重合一個面後（Ⅲ）果然只有 5 個面（圖 24.1）！這件事後來還引發了一場官司。結果是小丹尼爾尚未出庭，便告勝訴！

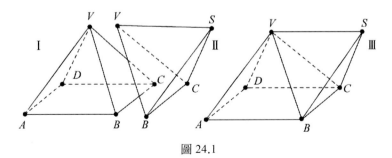

圖 24.1

　　以上的精彩事例說明：貧乏的思維，絕不因年齡增長和環境遷移而自行消失。沒有破，便無以立；不跨越思維局限的柵欄，便談不上正確思想的建立。從這個意義上來說，本書所做的工作，算是一種嘗試！

電子書購買

爽讀 APP

國家圖書館出版品預行編目資料

變數中的常數，函數概念史與應用：指數效應 ×
帕斯卡三角 × 年利率儲蓄，數學隨著函數概念
飛速擴張，思維也跨入永恆運動的世界！ / 張遠
南，張昶 著 . -- 第一版 . -- 臺北市：崧燁文化事
業有限公司 , 2024.06
面； 公分
POD 版
ISBN 978-626-394-399-5(平裝)
1.CST: 數學 2.CST: 函數論 3.CST: 通俗作品
314.5   113007805

變數中的常數，函數概念史與應用：指數效應 × 帕斯卡三角 × 年利率儲蓄，數學隨著函數概念飛速擴張，思維也跨入永恆運動的世界！

臉書

作　　　者：張遠南，張昶
發 行 人：黃振庭
出 版 者：崧燁文化事業有限公司
發 行 者：崧燁文化事業有限公司
E - m a i l：sonbookservice@gmail.com
粉 絲 頁：https://www.facebook.com/sonbookss/
網　　　址：https://sonbook.net/
地　　　址：台北市中正區重慶南路一段 61 號 8 樓
8F., No.61, Sec. 1, Chongqing S. Rd., Zhongzheng Dist., Taipei City 100, Taiwan
電　　　話：(02) 2370-3310　　　傳　　　真：(02) 2388-1990
印　　　刷：京峯數位服務有限公司
律師顧問：廣華律師事務所 張珮琦律師

定　　　價：299 元
發行日期：2024 年 06 月第一版
◎本書以 POD 印製